Les Publications de l'Université Euromed de Fès

FUSION DES HORIZONS

Issam ALKORACHI

MÉCANIQUE DES FLUIDES :

PRINCIPES FONDAMENTAUX, MODÉLISATION ET ÉQUATIONS DU MOUVEMENT

L'Harmattan

UNCAC
كرسي الأمم المتحدة لتحالف الحضارات
THE UNITED NATIONS CHAIR FOR THE ALLIANCE OF CIVILIZATIONS
LA CHAIRE DES NATIONS UNIES POUR L'ALLIANCE DES CIVILISATIONS

UEMF
EUROMED UNIVERSITY OF FES
UNIVERSITÉ EUROMED DE FÈS

5-7, rue de l'École-Polytechnique – 75005 Paris
www.editions-harmattan.fr
ISBN : 978-2-336-59238-1
EAN : 9782336592381
Dépôt légal : janvier 2026

Préface

La mécanique des fluides est une science fondamentale qui est à l'origine de nombreux aspects de notre monde, des phénomènes naturels tels que les courants océaniques et les vents aux applications technologiques telles que la conception de barrages, de pipelines et d'avions.

Ce manuel pédagogique, intitulé « Mécanique des fluides : Principes fondamentaux, Modélisation et Équations du mouvement » est conçu pour offrir aux étudiants des classes préparatoires, en particulier ceux qui se destinent au génie civil, une base solide en mécanique des fluides.

Ce manuel vise d'une part à introduire les notions de base de la mécanique des fluides d'une manière claire et accessible et d'autre part à initier les étudiants aux outils mathématiques utilisés pour modéliser les écoulements, en les guidant progressivement vers l'établissement des équations de Navier-Stokes qui gouvernent les écoulements des fluides newtoniens incompressibles.

J'espère que cet ouvrage vous dévoilera les secrets de la mécanique des fluides et vous donnera les clés pour explorer ce monde fascinant.

Table des matières

Liste des figures

Liste des tableaux

Chapitre 1 : Principes fondamentaux

1 Introduction au monde fascinant des fluides

Les fluides nous entourent, omniprésents dans notre quotidien, des rivières qui serpentent à l'air que nous respirons. Pourtant, leur comportement, à la fois familier et complexe, recèle de nombreux mystères. Ce chapitre introductif a pour vocation de vous immerger dans le monde des fluides, en explorant les notions fondamentales qui régissent leurs propriétés et leurs mouvements.

Figure 1 : Voyage de l'eau à travers la forêt

Nous débuterons ce chapitre en clarifiant la distinction entre fluides et solides. Ensuite, nous introduirons les descriptions macroscopique et microscopique, avant de nous pencher sur l'étude des grandeurs macroscopiques telles que la masse volumique, la pression et la compressibilité. Enfin, nous consacrerons la fin de ce chapitre à l'hydrostatique.

2 Définition des fluides

La matière peut exister sous trois états de phase : solide, liquide ou gazeux. Les fluides, qu'il s'agisse de liquides comme l'eau ou de gaz comme l'air, sont caractérisés par leur capacité à subir d'importantes déformations sous l'action de forces extérieures minimes. Cette propriété les distingue des solides, dont la structure rigide assure le maintien d'une forme propre.

En général, on distingue deux types de fluide :

Les liquides (comme l'eau) n'ont pas de forme propre et prennent celle du récipient qui les contient (un verre, une bouteille), ils possèdent une surface libre lorsqu'ils sont en contact avec l'atmosphère, comme le dessus de l'eau dans un verre, et occupent toujours le même volume, peu importe le contenant dans lequel on les verse (Figure 2).

Figure 2 : Solide, liquide et Gaz

Les gaz (comme l'air) sont dépourvus de forme propre et se dispersent complètement dans le volume qui leur est offert, tendant à occuper uniformément tout l'espace disponible. Il est important de noter que les gaz ne présentent pas de surface libre (Figure 2).

Tableau 1 : Comparaison entre les propriétés de l'eau en état solide, liquide et gazeux

Propriétés	Solide	Liquide	Gaz
Fluidité	Non	Oui	Oui
Forme Propre	Oui	Non	Non
Volume défini	Oui	Oui	Non
Surface libre	-	Oui	Non

La fluidité (la capacité d'une substance à s'écouler) a des origines microscopiques, elle est due essentiellement à la température du fluide et aux liaisons entre ses molécules. En effet, lors d'une augmentation de température **T**, l'agitation moléculaire s'accroît et les liaisons intermoléculaires s'affaiblissent, ce qui favorise l'écoulement et rend la substance plus fluide.

Par exemple, l'eau est une substance qui peut se trouver sous trois états de phase (solide, liquide et gaz) :

En état solide (eau glacée $\mathbf{T \leq 0\ °C}$), les molécules sont fixes les unes par rapport aux autres et sont très ordonnées et rapprochées formant une structure compacte en raison des fortes liaisons intermoléculaires.

En état liquide (eau liquide $\mathbf{0\ °C \leq T \leq 100\ °C}$), les molécules sont agitées et peuvent se déplacer les unes par rapport aux autres, mais restent toujours rapprochées, à cause des forces intermoléculaires comme les forces de Van der Waals ou les liaisons hydrogène. Les liaisons entre les molécules sont plus faibles que dans l'état solide.

En état gazeux (vapeur d'eau $\mathbf{T \geq 100\ °C}$), les molécules ont un mouvement désordonné et peuvent s'éloigner les unes des autres. Les molécules du gaz sont très agitées et les liaisons entre ces molécules sont très faibles voire inexistantes.

Tableau 2 : Caractéristiques microscopiques de l'eau en état solide, liquide et gazeux

Caractéristiques	Solide	Liquide	Gaz
Température	Basse	Moyenne	Haute
Agitation des molécules	Très faible	Faible à moyenne	Très forte
Liaison entre les molécules	Forte	Moyenne à faible	Très faible
Ordre des molécules	Très ordonné	Désordonné	Très désordonné

Il est important de souligner que les températures de l'eau mentionnées dans cet exemple sont spécifiques à la pression atmosphérique.

3 Echelles de description des fluides

Pour comprendre le comportement des fluides, il est crucial de les étudier à différentes échelles, allant de l'échelle microscopique des atomes et des molécules à l'échelle macroscopique de nos observations quotidiennes. En général, trois descriptions distinctes sont utilisées pour décrire les fluides : la description microscopique, la description macroscopique et la description mésoscopique.

3.1 Description microscopique

La description microscopique suppose que le fluide est formé par un grand nombre de molécules séparées par du vide. Ces molécules sont en mouvement d'agitation (exemple, molécule $\mathbf{H_2O}$ d'eau à l'état liquide ou gazeux).

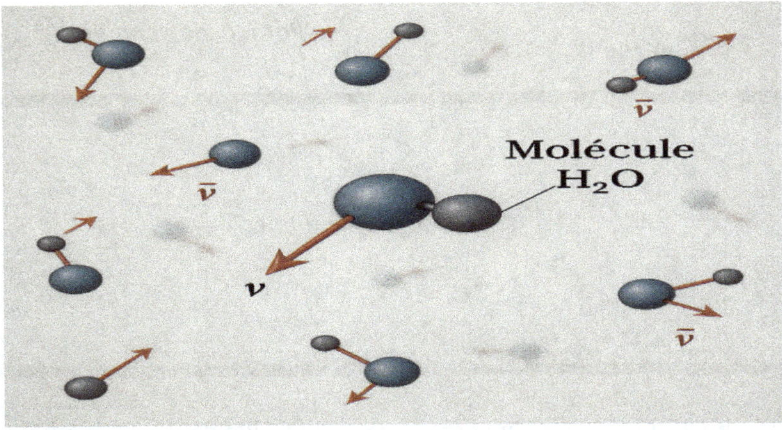

Figure 3 : Description microscopique du fluide

Selon cette description, le fluide est un milieu discontinu en termes de matière (Figure 3) et composé d'un très grand nombre de molécules (un cube d'eau à l'état liquide de **1 µm** de côté contient en moyenne 3×10^7 molécules $\mathbf{H_2O}$). L'intérêt de la description microscopique des fluides réside dans sa capacité à révéler les fondements mêmes de leur comportement, en se penchant sur l'agitation et les interactions des molécules qui les composent. Par contre, cette description microscopique, bien que réaliste, est trop complexe pour étudier l'écoulement d'un fluide à l'échelle macroscopique, comme les écoulements dans une conduite ou autour d'une aile d'avion à cause du nombre excessivement important de molécules à considérer dans les calculs.

3.2 Description macroscopique (milieu continu)

La description macroscopique est la description globale du fluide et des phénomènes que l'on peut voir et mesurer à l'échelle humaine. Selon cette description, le fluide est un milieu continu formé par une distribution continue de matière (Figure 4). La plus petite particule ou la particule élémentaire dans la description macroscopique du fluide est appelé particule-fluide, dans le cas de l'eau, elle contient en moyenne 3×10^7 molécules microscopiques et est assimilable à un cube de 1 µm de côté.

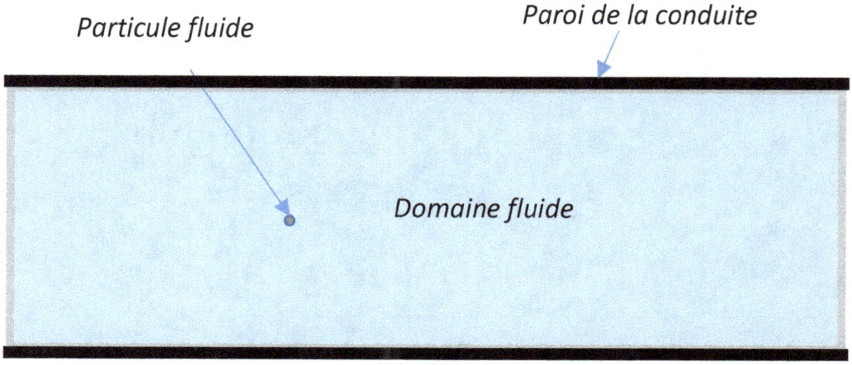

Figure 4 : Description macroscopique du fluide dans une conduite

Selon cette description, le fluide est formé par un ensemble des particules-fluides distribuées continuellement et qu'il n'y a pas de vide entre ces particules-fluides à l'échelle macroscopique. Notons bien que pour analyser les écoulements des fluides à grande échelle, comme ceux rencontrés dans les conduites ou autour d'une aile d'avion, la mécanique des fluides adopte la description macroscopique, accessible à l'observation et à l'expérimentation.

Il est important de souligner que la description macroscopique devient moins précise lorsque les échelles de longueur caractéristiques de l'écoulement se rapprochent de la taille des molécules ou de leur libre parcours moyen (comme dans les gaz très raréfiés). Dans ces cas, une approche mésoscopique ou même microscopique devient nécessaire.

3.3 Description mésoscopique

La description mésoscopique est une description intermédiaire entre la description microscopique et macroscopique, l'échelle de cette description est très grande par rapport à la description microscopique pour pouvoir faire des moyennes et très petite devant l'échelle macroscopique pour ne pas gommer les variations macroscopiques. C'est l'échelle de la particule-fluide.

Tableau 3 : Descriptions macroscopique et microscopique

Description	Particule élémentaire	Milieu	Applications
Microscopique	Molécule $\mathbf{H_2O}$	Discontinu	Physique statistique : étude de l'agitation et des interactions des molécules, étude des réactions chimiques…
Macroscopique	Particule-fluide (3×10^7 molécules $\mathbf{H_2O}$)	Continu	Mécanique des fluides : étude des écoulements d'eau dans les tuyaux, les rivières, calcul des forces aérodynamiques.

4 Modélisation macroscopique

4.1 Repère

La modélisation macroscopique du fluide vise à décrire le comportement du fluide à grande échelle à l'aide d'outils mathématiques.

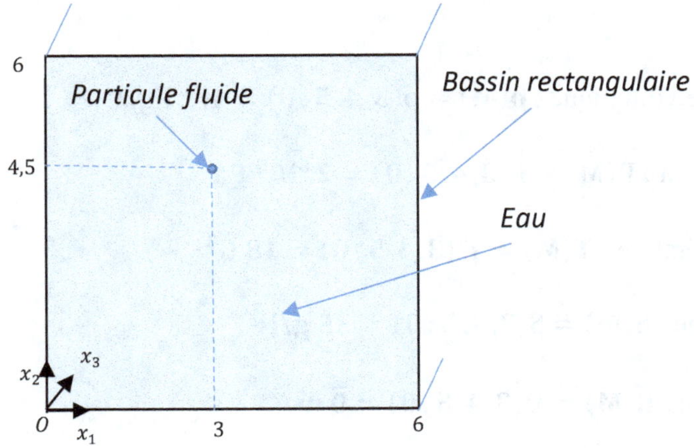

Figure 5 : Bassin rectangulaire rempli d'eau (Coupe à $\boldsymbol{x_3 = 0}$)

La modélisation macroscopique requiert la définition préalable d'un repère, pour cela, on considère un repère orthonormé direct $\mathbf{R(O,\vec{x}_1,\vec{x}_2,\vec{x}_3)}$. On se situe dans la description macroscopique et on considère un fluide au repos : par exemple, l'eau contenue dans un bassin rectangulaire de 6 m de côté (Figure 5).

4.2 Modélisation macroscopique de la particule-fluide

A l'échelle macroscopique, bien qu'elle contienne un grand nombre de molécules, une particule-fluide $\mathbf{M}$ est assimilée à un point matériel et sa position est donnée par les coordonnées $(\mathbf{x_1,x_2,x_3})$ de ce point. Par exemple, la position de la particule-fluide $\mathbf{M}$ représentée sur la figure 5 est donnée par les coordonnées $(\mathbf{3,4.5\,,0})$.

Les grandeurs physiques macroscopiques scalaires ou vectorielles, telles que la masse volumique, la pression, la température, la salinité, la vitesse ou l'accélération sont des propriétés physiques locales qui peuvent être attribuées à chaque particule-fluide $\mathbf{M}$. En d'autres termes, chaque particule-fluide $\mathbf{M}$ de position $(\mathbf{x_1,x_2,x_3})$ est caractérisée par ses grandeurs physiques macroscopiques comme sa masse volumique : $\boldsymbol{\rho}(\mathbf{M})$, sa pression : $\mathbf{P(M)}$, sa température : $\mathbf{T(M)}$, sa salinité : $\mathbf{S(M)}$, sa vitesse $\vec{\mathbf{U}}(\mathbf{M})$, son accélération $\vec{\boldsymbol{\gamma}}(\mathbf{M})$ ….

Prenons l'exemple de la particule-fluide $\mathbf{M}$ de position $(\mathbf{3,4.5\,,0})$, cette particule est caractérisée par un ensemble de propriétés macroscopiques scalaires et vectorielles, qui peuvent prendre certaines valeurs réelles, par exemple :

La masse volumique : $\boldsymbol{\rho}(\mathbf{M}) = \boldsymbol{\rho}(\mathbf{3,4.5\,,0}) = \mathbf{1,1\ kg/l}$

La pression : $\mathbf{P(M) = P(3,4.5\,,0) = 2.10^5\ Pa}$

La température : $\mathbf{T(M) = T\ (3,4.5\,,0) = 18\ C^0}$

La salinité : $\mathbf{S(M) = S(3,4.5\,,0) = 35\ g/l}$

La vitesse : $\vec{\mathbf{U}}(\mathbf{M}) = \vec{\mathbf{U}}(\mathbf{3,4.5\,,0}) = \vec{\mathbf{0}}\ \mathbf{m/s}$

L'accélération : $\vec{\boldsymbol{\gamma}}(\mathbf{M}) = \vec{\boldsymbol{\gamma}}(\mathbf{3,4.5\,,0}) = \vec{\mathbf{0}}\ \mathbf{m/s^2}$

4.3 Modélisation macroscopique des fluides (milieu continu)

A l'échelle macroscopique, le fluide est supposé être un milieu continu, c'est-à-dire une distribution continue de particules-fluides $\mathbf{M_i}$, chacune étant assimilée à un point matériel. Par exemple, le fluide contenu dans le récipient est l'ensemble des particules fluide $\mathbf{M_i}$ distribuées continûment et assimilables à des points matériels de coordonnées $(\mathbf{x_1}, \mathbf{x_2}, \mathbf{x_3})$ qui vérifient :

$$\mathbf{0 < x_1 < 6}$$

$$\mathbf{0 < x_2 < 6}$$

$$\mathbf{0 < x_3 < 6}$$

Les grandeurs physiques macroscopiques scalaires de l'ensemble du domaine fluide, telles que la masse volumique, la pression, la température et la salinité, sont modélisées par des fonctions continues et réelles à trois variables $\mathbf{x_1}, \mathbf{x_2}$ **et** $\mathbf{x_3}$: fonction de masse volumique $\boldsymbol{\rho}(\mathbf{x_1}, \mathbf{x_2}, \mathbf{x_3})$, fonction de pression $\mathbf{P}(\mathbf{x_1}, \mathbf{x_2}, \mathbf{x_3})$, fonction de température $\mathbf{T}(\mathbf{x_1}, \mathbf{x_2}, \mathbf{x_3})$ et fonction de salinité $\mathbf{S}(\mathbf{x_1}, \mathbf{x_2}, \mathbf{x_3})$.

Les grandeurs physiques macroscopiques vectorielles de l'ensemble du domaine fluide, telles que la position, la vitesse, l'accélération, sont modélisées par des champs vectoriels continues à trois variables $\mathbf{x_1}, \mathbf{x_2}$ **et** $\mathbf{x_3}$: champ vectoriel de déplacement $\overrightarrow{\mathbf{dM}}(\mathbf{x_1}, \mathbf{x_2}, \mathbf{x_3})$, champ vectoriel de vitesse $\vec{\mathbf{U}}(\mathbf{x_1}, \mathbf{x_2}, \mathbf{x_3})$, champ vectoriel d'accélération $\vec{\boldsymbol{\gamma}}(\mathbf{x_1}, \mathbf{x_2}, \mathbf{x_3})$.

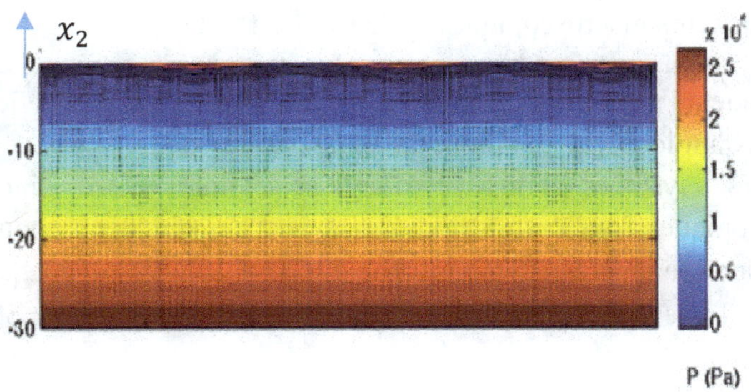

Figure 6 : Représentation 2D du champ de pression hydrostatique

La figure 6 est une représentation 2D du champ de pression $\mathbf{P(x_1, x_2, x_3)}$ de l'eau (au repos) contenue dans un réservoir de profondeur de 30 m (Voir paragraphe d'hydrostatique) :

On remarque que le champ de pression ne dépend que de la profondeur $\mathbf{h} = \|\mathbf{x_2}\|$, il est égal à :

$$\mathbf{P(x_1, x_2, x_3) = P(x_2) = P_{atm} + \rho\, g\, h}$$

$\mathbf{P_{atm}}$: pression atmosphérique. (Dans cet exemple, on a considéré que la pression atmosphérique est nulle)

$\boldsymbol{\rho}$: masse volumique de l'eau

$\mathbf{g}$: accélération de la pesanteur

$\mathbf{h}$: profondeur

$\mathbf{x_2}$: altitude au-dessus de la surface

Remarques

La description du milieu continu implique aussi que les fonctions qui décrivent les grandeurs physiques de l'écoulement varient d'une manière continue, c'est-à-dire que les dérivées de ces fonctions sont continues.

Lorsque le fluide est en régime de mouvement instationnaire (non-permanent), les grandeurs physiques macroscopiques scalaires et vectorielles dépendent aussi du temps $\mathbf{t}$.

5 Grandeurs macroscopiques scalaires des fluides

Les grandeurs physiques macroscopiques scalaires du fluide, telles que la masse volumique, la pression, la température et la salinité, sont les grandeurs physiques permettant d'étudier le fluide d'un point de vue macroscopique. Pour définir minutieusement ces grandeurs, nous allons reconsidérer le repère orthonormé direct $\mathbf{R(O, \vec{x}_1, \vec{x}_2, \vec{x}_3)}$ et une particule-fluide **M** de l'eau contenue dans un bassin rectangulaire (Figure 5).

5.1 Masse et masse volumique

5.1.1 Définition générale de la masse et de la masse volumique

La masse **m** d'un corps est une grandeur physique qui mesure la quantité de matière contenue dans ce corps. Plus la masse est élevée plus l'objet est lourd.

La masse volumique ρ d'un corps est une grandeur physique qui mesure la densité de masse du coprs. Plus la masse volumique est élevée, plus la matière est concentrée dans un petit volume. Inversement, une faible masse volumique signifie que la matière est plus dispersée.

En général, la masse volumique ρ d'un corps de volume **V** est définie comme étant le rapport entre la masse **m** contenue dans un volume **V** et le volume **V** :

$$\rho = \frac{m}{V}$$

L'unité de la masse volumique dans le Système International d'Unités (SI) est Kg/m^3, c'est le rapport entre l'unité de masse **Kg** et l'unité de volume m^3.

5.1.2 Masse d'une particule-fluide

Afin de définir la masse et la masse volumique d'une particule-fluide de manière rigoureuse, il est indispensable de se placer à l'échelle mésoscopique et de considérer qu'une particule-fluide est un volume minuscule $\delta V(M)$ contenant un très grand nombre de molécules. La masse de la particule-fluide $\delta m(M)$ est la somme des masses des molécules formant cette particule-fluide, dans le cas d'eau :

$$\delta m(M) = \sum_{i=1}^{N} m(H_2O)$$

$\delta m(M)$: masse de la particule-fluide **M**.

N : nombre des molécules H_2O contenues dans le volume $\delta V(M)$

$\mathbf{m(H_2O)}$: masse de la molécule $\mathbf{H_2O}$.

5.1.3 Masse volumique d'une particule-fluide

La masse volumique $\boldsymbol{\rho}\mathbf{(M)}$ de la particule-fluide **M** est le rapport entre la masse contenue dans cette particule-fluide $\boldsymbol{\delta}\mathbf{m(M)}$ et son volume $\boldsymbol{\delta}\mathbf{V(M)}$:

$$\boldsymbol{\rho}\mathbf{(M)} = \frac{\boldsymbol{\delta}\mathbf{m(M)}}{\boldsymbol{\delta}\mathbf{V(M)}}$$

Réciproquement, la masse $\boldsymbol{\delta}\mathbf{m(M)}$ de la particule-fluide **M** peut être redéfinie comme étant le produit de la masse volumique de la particule-fluide $\boldsymbol{\rho}\mathbf{(M)}$ par le volume $\boldsymbol{\delta}\mathbf{V(M)}$ qui la contient :

$$\boldsymbol{\delta}\mathbf{m(M)} = \boldsymbol{\rho}\mathbf{(M)}.\boldsymbol{\delta}\mathbf{V(M)}$$

5.1.4 Masse d'un élément de volume élémentaire de fluide

Soit **dV** un élément de volume élémentaire de fluide entourant le point **M**, la masse **dm** contenue dans le volume **dV** de fluide est définie comme le produit de la masse volumique de la particule-fluide $\boldsymbol{\rho}\mathbf{(M)}$ par le volume $\mathbf{dV(M)}$:

$$\mathbf{dm} = \boldsymbol{\rho}\mathbf{(M)}.\mathbf{dV}$$

La masse volumique $\boldsymbol{\rho}\mathbf{(M)}$ de la particule-fluide **M** peut être redéfinie comme la limite du rapport de la masse **dm** contenue dans ce volume élémentaire **dV** sur le volume élémentaire lui-même lorsque $\mathbf{dV \to 0}$:

$$\boldsymbol{\rho}\mathbf{(M)} = \lim_{\mathbf{dV \to 0}} \frac{\mathbf{dm}}{\mathbf{dV}}$$

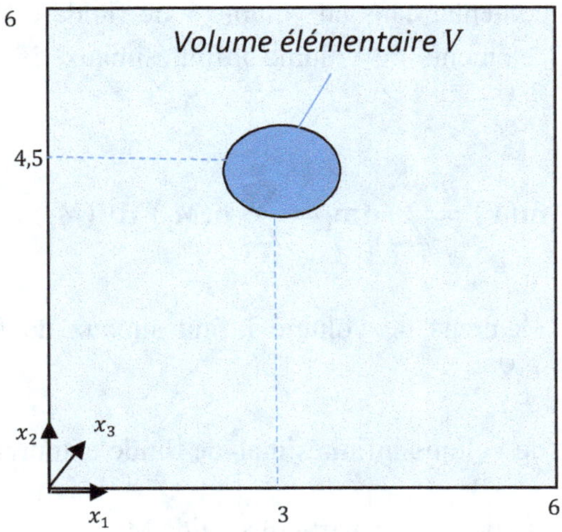

Figure 7 : Volume élémentaire de fluide

Remarque

Pour définir la densité $\boldsymbol{\rho(M)}$, nous avons utilisé $\boldsymbol{\delta V}$ pour désigner un petit volume fini (volume de la particule-fluide), suffisamment grand pour contenir un grand nombre de molécules mais assez petit pour être considéré comme un point matériel local par rapport à l'échelle macroscopique. En revanche, **dV** est un élément de volume différentiel infinitésimal, qui tend rigoureusement vers zéro pour définir un champ de densité en un point précis :

$\boldsymbol{\delta V}$: volume mésoscopique, mesurable expérimentalement

dV : volume infinitésimal, outil mathématique dans la définition de la dérivée et de l'intégrale

Cette distinction permet de passer d'une description physique (paramétrée par $\boldsymbol{\delta}$) à une formulation mathématique locale (paramétrée par **d**) en tout point M du fluide.

Le terme « locale » signifie ce qui se rapporte à un point spécifique ou à un voisinage infinitésimal de ce point dans l'espace du fluide.

5.1.5 Masse contenue dans un volume de fluide

La masse $\mathbf{m(V)}$ contenue dans un volume $\mathbf{V}$ de fluide est la somme des masses $\mathbf{dm_i}$ des éléments de volume infinitésimaux de fluide $\mathbf{dV_i}$ qui forment ce volume $\mathbf{V}$:

$$\mathbf{m(V)} = \sum_{i=1}^{n} \mathbf{dm_i} = \sum_{i=1}^{n} \boldsymbol{\rho}(\mathbf{M_i}).\mathbf{dV}(\mathbf{M_i})$$

n : nombre des éléments de volume infinitésimaux de fluide $\mathbf{dV_i}$ qui forment ce volume **V**.

$\mathbf{dm(M_i)}$: masse de volume infinitésimal de fluide entourant le point $\mathbf{M_i}$.

$\boldsymbol{\rho}(\mathbf{M_i})$: masse volumique de la particule-fluide $\mathbf{M_i}$

$\mathbf{dV(M_i)}$: volume infinitésimal de fluide entourant le point $\mathbf{M_i}$

Le milieu fluide est un milieu continu, donc on peut passer d'une sommation discrète à une intégrale de volume, et l'expression de la masse $\mathbf{m(V)}$ contenue dans le volume $\mathbf{V}$ de fluide devient :

$$\mathbf{m(V)} = \oiiint_{\mathbf{V}} \boldsymbol{\rho}(\mathbf{M}).\mathbf{dV}$$

La masse volumique dans les différents points $\mathbf{M_i}$ du domaine fluide est représentée par le champ de masse volumique $\boldsymbol{\rho}(\mathbf{x_1},\mathbf{x_2},\mathbf{x_3},\mathbf{t})$, alors :

$$\mathbf{m(V)} = \oiiint_{\mathbf{V}} \boldsymbol{\rho}(\mathbf{M}).\mathbf{dV} = \oiiint_{\mathbf{V}} \boldsymbol{\rho}(\mathbf{x_1},\mathbf{x_2},\mathbf{x_3},\mathbf{t}).\mathbf{dV}$$

Il convient de souligner que cette relation s'applique aussi aux cas d'écoulements compressibles et instationnaires, situation dans laquelle la densité $\boldsymbol{\rho}$ dépend aussi du temps $\mathbf{t}$.

Remarques

La masse volumique de l'eau $\boldsymbol{\rho}_{\mathbf{eau}}$ est constante, elle est égale à 1000 $\mathbf{Kg/m^3}$ et la masse volumique de l'air $\boldsymbol{\rho}_{\mathbf{air}}$ est égale à 1.225 $\mathbf{Kg/m^3}$.

(Au niveau de la mer à une pression atmosphérique de 101325 Pa et à une température de 15°C)

L'air est 816 fois moins dense que l'eau.

Exemple

La masse $\mathbf{m(V)}$ d'eau contenue dans un bassin rempli de $\mathbf{3\ m^3}$ de volume :

$$\mathbf{m(V) = \oiiint_V \rho_{eau}.dV = \rho_{eau} \oiiint_V dV = \rho_{eau}V = 3000\ Kg}$$

La masse $\mathbf{m(V)}$ d'eau que peut contenir un bassin cylindrique de hauteur $\mathbf{h = 2\ m}$ et de diamètre $\mathbf{d = 0.5\ m}$:

$$\mathbf{m(V) = \rho_{eau}.V_{cylindre} = \rho_{eau}.\left(\frac{d}{2}\right)^2.\pi.h = 1570\ Kg}$$

5.2 Pression

5.2.1 Définition de la force de pression

Pour définir minutieusement la pression, nous allons considérer (Figure 9) :

- Une surface S qui subit l'action d'une force surfacique de contact $\vec{\mathbf{F}}_\mathbf{S}$.
- Un point matériel **M**.
- Un élément de surface infinitésimal **ds** entourant le point **M** de normale unitaire sortante $\vec{\mathbf{n}}$.

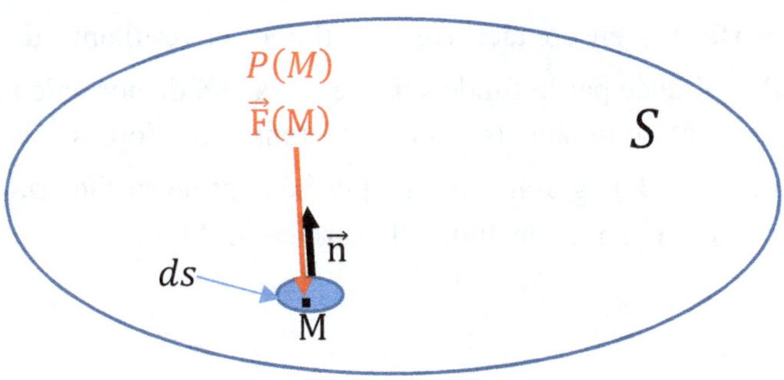

Figure 8 : Force de pression

Chaque élément de surface infinitésimal **ds** entourant le point **M**, subit l'action d'une force surfacique élémentaire de contact $\mathbf{d\vec{F}_S(M)}$, qui peut être décomposée en deux forces : une force élémentaire surfacique de contact normale à **ds** et une force élémentaire surfacique de contact tangentielle à **ds**.

La force de pression élémentaire $\mathbf{d\vec{F}(M)}$ appliquée sur un élément de surface **ds** entourant le point **M**, de normale unitaire sortante $\vec{\mathbf{n}}$ est la force surfacique de contact normale à **ds** appliquée sur **ds**, dans le sens inverse de $\vec{\mathbf{n}}$, elle est égale à :

$$\mathbf{d\vec{F}(M) = -P(M)ds.\vec{n}}$$

Notons que cette force de pression élémentaire $\mathbf{d\vec{F}(M)}$ est toujours parallèle à $\vec{\mathbf{n}}$ et dirigée dans le sens inverse de $\vec{\mathbf{n}}$.

Notons aussi que les forces surfaciques tangentielles à la surface **ds** ne sont pas des forces de pression.

$\mathbf{P(M)}$ est la pression en **M**, elle représente la norme de la force de pression élémentaire par unité de surface et elle est définie comme étant le rapport entre la norme de la force de pression élémentaire $\mathbf{d\vec{F}(M)}$ et l'élément de surface **ds** :

$$\mathbf{P(M) = \frac{\|d\vec{F}(M)\|}{ds}}$$

5.2.2 Résultante des forces de pression

Soit une surface S en contact avec un fluide, la résultante de force de pression $\vec{\mathbf{F}}$ appliquée par le fluide sur une surface S de normale unitaire $\vec{\mathbf{n}}$, est obtenue en sommant (ou en intégrant) les forces de pression élémentaires $\mathbf{d\vec{F}(M_i)}$ agissant sur chaque élément de surface $\mathbf{ds_i}$ (avec sa normale sortante $\vec{\mathbf{n}}_\mathbf{i}$) qui constituent la surface S.

$$\vec{F} = \sum_{i=1}^{n} d\vec{F}(M_i) = -\sum_{i=1}^{n} P(M_i)ds_i\,\vec{n}_i\vec{F} = \iint_S d\vec{F}(M)$$
$$= -\iint_S P(M).\vec{n}.ds$$

La pression dans les différents point **M** du domaine fluide est représentée par le champ de pression $P(x_1, x_2, x_3, t)$, alors :

$$\vec{F} = -\iint_S P(M).\vec{n}.ds = -\iint_S P(x_1, x_2, x_3, t).\vec{n}.ds$$

Il convient de souligner que cette relation s'applique aussi aux écoulements instationnaires, situation dans laquelle la pression **P** varie également en fonction du temps.

Si la pression $P(x_1, x_2, x_3, t) = P$ est constante sur toute la surface **S** :

$$\vec{F} = -P\iint_S \vec{n}.ds$$

Si $\vec{n}$ est constante sur toute la surface **S** (surface plane) :

$$\vec{F} = -\left(\iint_S P(x_1, x_2, x_3, t).ds\right).\vec{n}$$

Exercice

On applique une force totale normale $\vec{F}$ d'intensité de **5 N** sur un piston cylindrique de diamètre 2 Cm.

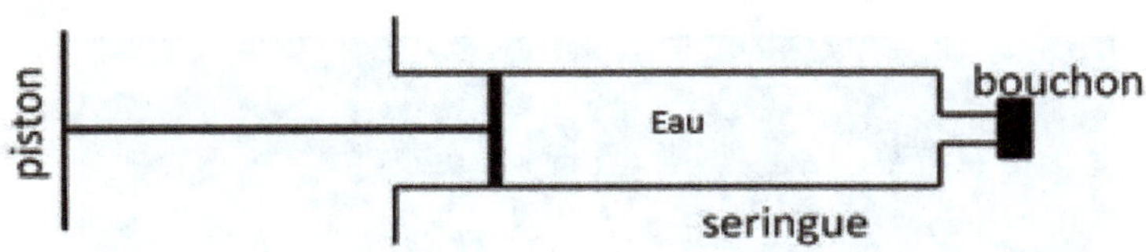

Le piston est en équilibre, calculer la pression **P** exercée sur chaque particule-fluide de la couche d'eau collée au piston.

Solution

On considère que la force $\vec{F}$ normale appliquée sur le piston est distribuée équitablement sur la surface du piston.

La surface de la couche du fluide S collée au piston est égale à la surface circulaire du piston.

$$\vec{F} = -P.S.\vec{n}$$

$$F = P.S$$

$$P = \frac{F}{S} = \frac{F}{\left(\frac{d}{2}\right)^2 .\pi} = \frac{5}{\left(\frac{2.10-2}{2}\right)^2 .\pi} = 1.59\ 10^4\ Pa$$

$$1\ Pa = 1\ N/m^2\ = 10^{-5}\ Bar$$

5.2.3 Pression en un point du fluide

Pour définir minutieusement la pression en un point de fluide, on se place en échelle mésoscopique et on considère une particule-fluide **M** de volume $\mathbf{dV(M)}$ et de surface de contrôle $\mathbf{dS(M)}$.

La pression en un point **M** du fluide ou la pression d'une particule-fluide **M** est la norme de la force surfacique de contact normale à $\mathbf{dS(M)}$ exercée par les particules-fluides qui entourent la particule-fluide **M** par unité de surface.

La force de pression $\mathbf{P(M)}$ est normale à $\mathbf{dS(M)}$ et s'exerce avec la même intensité selon toutes les directions normales à la surface $\mathbf{dS(M)}$ de la particule-fluide **M**.

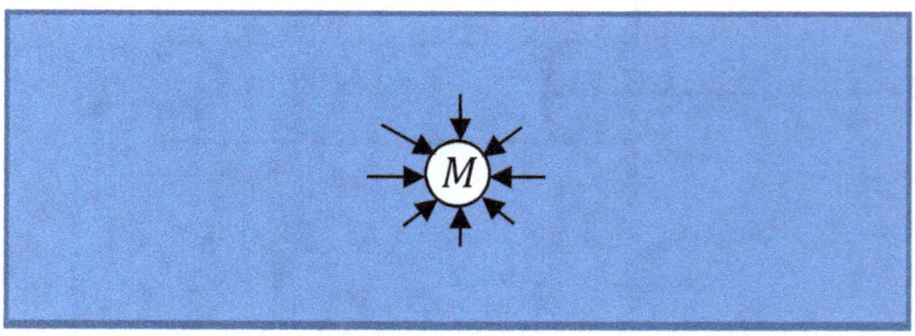

Figure 9 : Pression exercée sur la particule-fluide

Lorsqu'un fluide est au repos, la seule force de surface appliquée sur la particule-fluide $\mathbf{M}$ est la force de pression $\mathbf{P(M)}$ appliquée par les particules-fluides voisines. Cependant, lors de l'écoulement du fluide chaque particule-fluide subit l'action des forces de contact surfaciques de pression et de viscosité, appliquées par les particules-fluides qui l'entourent.

Mathématiquement, la pression dans l'ensemble d'un fluide au repos est représentée par une fonction réelle $\mathbf{P(x_1, x_2, x_3)}$.

La pression atmosphérique moyenne : $\mathbf{1,01325\ \times 10^5\ N/m^2 = 10\ N/cm^2 = 1,01325\ Bar}$ c'est-à-dire, chaque particule-fluide d'air subit une pression de $\mathbf{101325\ Pa}$ ou aussi la pression des particules-fluides d'air est $\mathbf{101325\ Pa}$. La pression de l'eau à une profondeur de $\mathbf{50\ m}$ est $\mathbf{591825\ Pa}$.

5.3 Compressibilité des fluides

5.3.1 Introduction à la compressibilité

Afin de saisir le concept de compressibilité des fluides, commençons par analyser l'expérience ci-dessus (Figure 8), qui consiste à appliquer une pression par le piston sur l'eau et l'air emprisonnés dans une seringue fermée.

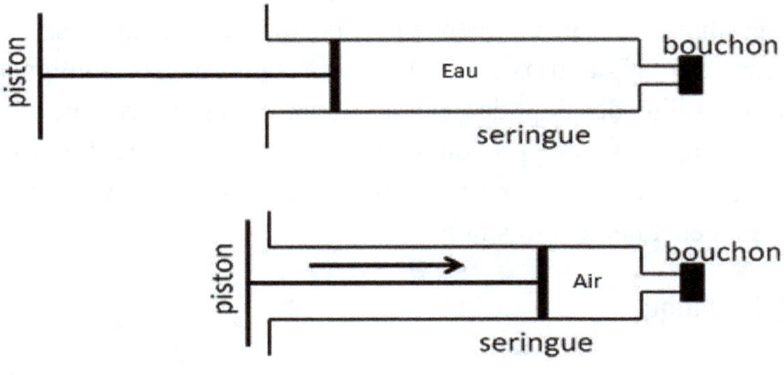

Figure 10 : Compressibilité des fluides

Sous l'effet de pression, on remarque que l'eau occupe approximativement le même espace, son volume et sa masse volumique varient très peu en réponse au changement de la pression, on dit que l'eau est incompressible. Par contre l'air occupe un volume plus petit que son volume initial et reprend son volume initial lorsque la pression est relâchée, son volume et sa masse volumique varie significativement en réponse au changement de la pression, on dit que l'air est compressible.

5.3.2 Définition de la compressibilité

La compressibilité d'un fluide est une propriété physique qui décrit la variation du volume d'un fluide en réponse à un changement de pression. En d'autres termes, elle mesure la capacité d'un fluide à réduire son volume lorsqu'il est soumis à une pression accrue. La compressibilité et la masse volumique sont deux propriétés physiques étroitement liées, en effet lorsqu'un fluide est comprimé, sa pression augmente, ce qui entraîne une diminution du volume du fluide. Comme la masse volumique est définie comme la masse par unité de volume, une diminution du volume entraîne une augmentation de la masse volumique.

Un fluide incompressible est un fluide dont la masse volumique reste constante en réponse au changement de pression, alors qu'un fluide compressible est un fluide dont la masse volumique varie vis-à-vis au changement de pression. Les gaz sont des fluides compressibles, ce qui signifie que leur masse volumique peut changer au cours d'un écoulement (comme en métrologie et en aéronautique).

Les liquides sont considérés comme des fluides pratiquement incompressibles, en effet, pendant l'écoulement d'eau, sa masse volumique reste très approximativement constante. Il faut souligner que l'incompressibilité des liquides est une approximation valable pour la plupart des applications pratiques. En réalité, tous les fluides sont compressibles dans une certaine mesure, mais la compressibilité des liquides est généralement très faible.

6 Hydrostatique

L'hydrostatique est une branche de la mécanique des fluides qui étudie les fluides au repos. Elle s'intéresse au calcul des forces et des pressions exercées par les fluides immobiles sur les parois des réservoirs ou sur les barrages, ainsi qu'à leur comportement dans diverses situations. Cette discipline trouve des applications dans de nombreux domaines, tels que l'ingénierie navale, la construction de barrages.

6.1 Relation fondamentale de l'hydrostatique

Considérons un liquide au repos, la relation fondamentale de l'hydrostatique établit un lien entre la pression d'un fluide, sa masse volumique, la pression de référence (par exemple, la pression à la surface), l'accélération gravitationnelle et la profondeur, elle s'exprime par la formule suivante :

$$\frac{\mathbf{dP(x_3)}}{\mathbf{dx_3}} = -\boldsymbol{\rho}\mathbf{g}$$

$\mathbf{P(x_3)}$: Pression du fluide en $\mathbf{x_3}$, $\boldsymbol{\rho}$: Masse volumique du fluide et $\mathbf{g}$: Accélération de la pesanteur

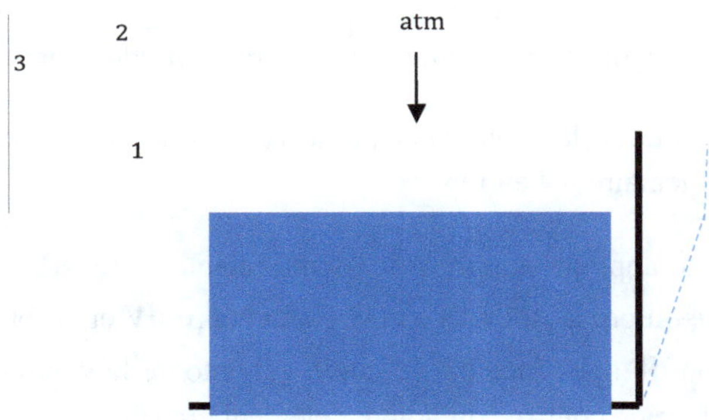

Figure 11 : Liquide au repos dans un réservoir rectangulaire

6.2 Démonstration de la relation fondamentale de l'hydrostatique

Soit un volume élémentaire cubique $\mathbf{dV = dx_1.dx_2.dx_3}$, de surface de contrôle rectangulaire $\mathbf{dS}$.

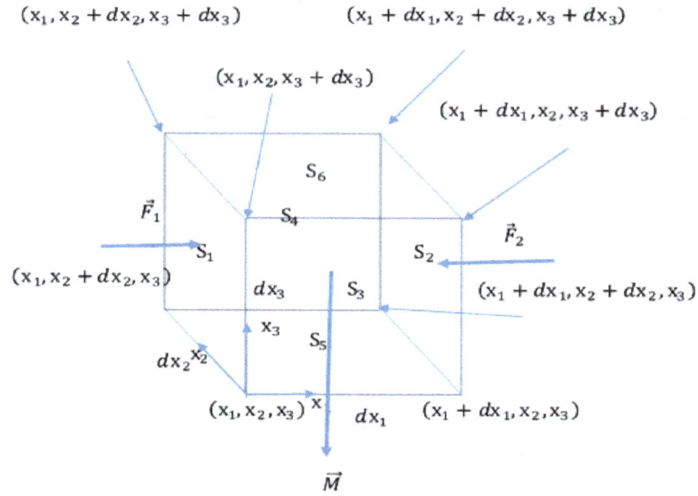

Figure 12 : Volume élémentaire du fluide au repos

Application de la loi fondamentale de la statique des fluides au volume fluide élémentaire **dV** au repos.

Les forces appliquées sur le volume élémentaire **dV** sont la force volumique du poids $\mathbf{d\vec{M}}$ du volume élémentaire **dV** et la force surfacique de pression $\mathbf{d\vec{F}}$ appliquée par le fluide qui entoure le volume élémentaire sur la surface de contrôle du volume élémentaire **dV**.

Le volume élémentaire du fluide **dV** est au repos, donc la somme des forces exercées sur le volume élémentaire est nulle :

$$\mathbf{d\vec{F}} + \mathbf{d\vec{M}} = \vec{\mathbf{0}}$$

Calcul de $\mathbf{d\vec{M}}$:

$$\mathbf{d\vec{M}} = -\mathbf{m(dV).\,g\vec{x}_3}$$

$$\mathbf{m(dV)} = \boldsymbol{\rho}.\,\mathbf{dV}$$

$\mathbf{m(dV)}$: masse contenue dans le volume **dV**.

$\boldsymbol{\rho}$: masse volumique du volume **dV**

$$\mathbf{d\vec{M} = -\rho . dV . g . \vec{x}_3 = -\rho . dx_1 dx_2 dx_3 . g . \vec{x}_3}$$

Calcul de $\mathbf{d\vec{F}}$:

$$\mathbf{d\vec{F} = -\iint_S P(x_1, x_2, x_3) . \vec{n} . dS = -\sum_{i=1}^{6} \iint_{S_i} P(x_1, x_2, x_3) . \vec{n}_i . dS}$$

$$\mathbf{= \sum_{i=1}^{6} d\vec{F}_i}$$

Avec :

$$\mathbf{d\vec{F}_i = -\iint_{S_i} P(x_1, x_2, x_3) . \vec{n}_i . dS}$$

$$\mathbf{d\vec{F}_1 = -\int_{x_2}^{x_2+dx_2} \int_{x_3}^{x_3+dx_3} P(x_1, x_2, x_3) . -\vec{x}_1 . dx_2 dx_3}$$

$$\mathbf{d\vec{F}_2 = -\int_{x_2}^{x_2+dx_2} \int_{x_3}^{x_3+dx_3} P(x_1 + dx_1, x_2, x_3) . \vec{x}_1 . dx_2 dx_3}$$

$$\mathbf{d\vec{F}_1 + d\vec{F}_2 = \int_{x_2}^{x_2+dx_2} \int_{x_3}^{x_3+dx_3} \big(P(x_1, x_2, x_3) - P(x_1 + dx_1, x_2, x_3)\big) dx_2 dx_3 \, \vec{x}_1}$$

Nous savons que :

$$\mathbf{d\vec{F} + d\vec{M} = \vec{0}}$$

Suivant $\vec{x}_1$:

$$d\vec{F}_1 + d\vec{F}_2 = \int_{x_2}^{x_2+dx_2}\int_{x_3}^{x_3+dx_3}\big(P(x_1, x_2, x_3) - P(x_1 + dx_1, x_2, x_3)\big)dx_2 dx_3\,\vec{x}_1 = \vec{0}$$

$$P(x_1, x_2, x_3) - P(x_1 + dx_1, x_2, x_3) = 0$$

$$\frac{\partial P(x_1, x_2, x_3)}{\partial x_1} = 0$$

La pression est constante suivant x_1, elle est indépendante de x_1.

Suivant $\vec{x}_2$:

$$d\vec{F}_3 + d\vec{F}_4 = \int_{x_1}^{x_1+dx_1}\int_{x_3}^{x_3+dx_3}\big(P(x_1, x_2, x_3) - P(x_1, x_2 + dx_2, x_3)\big)dx_2 dx_3\,\vec{x}_2 = \vec{0}$$

$$P(x_1, x_2, x_3) - P(x_1, x_2 + dx_2, x_3) = 0$$

$$\frac{\partial P(x_1, x_2, x_3)}{\partial x_2} = 0$$

La pression est constante suivant x_2, elle est indépendante de x_2.

$$P(x_1, x_2, x_3) = P(x_3)$$

Suivant $\vec{x}_3$:

$$d\vec{F}_5 + d\vec{F}_6 + \rho.dV.g\vec{x}_3 = \vec{0}$$

$$d\vec{F}_5 + d\vec{F}_6 + \rho.dV.g\vec{x}_3 = \int_{x_1}^{x_1+dx_1}\int_{x_2}^{x_2+dx_2}\big(P(x_1, x_2, x_3) - P(x_1, x_2, x_3 + dx_3)\big)\,dx_2 dx_3\,\vec{x}_3 = \vec{0}$$

$$P(x_1, x_2, x_3) - P(x_1, x_2, x_3 + dx_3) - \rho.dx_3.g = 0$$

$$\frac{\mathbf{P(x_1, x_2, x_3 + dx_3) - P(x_1, x_2, x_3)}}{\mathbf{dx_3}} = -\boldsymbol{\rho}\mathbf{g}$$

Calcul infinitésimal :

$$\lim_{\mathbf{dx_3 \to 0}} \frac{\mathbf{P(x_1, x_2, x_3 + dx_3) - P(x_1, x_2, x_3)}}{\mathbf{dx_3}} = -\boldsymbol{\rho}\mathbf{g}$$

$$\frac{\mathbf{dP(x_3)}}{\mathbf{dx_3}} = -\boldsymbol{\rho}\mathbf{g}$$

6.3 Paradoxe hydrostatique

Pour une même hauteur de liquide, la pression hydrostatique au fond des divers récipients est indépendante de la forme de ces récipients et de la quantité d'eau contenue dans ces récipients.

Si les récipients possèdent des parois inférieures identiques, alors la force de pression hydrostatique $\vec{\mathbf{F}}$ appliquée sur la paroi inférieure des divers récipients est la même, pour une même hauteur de liquide.

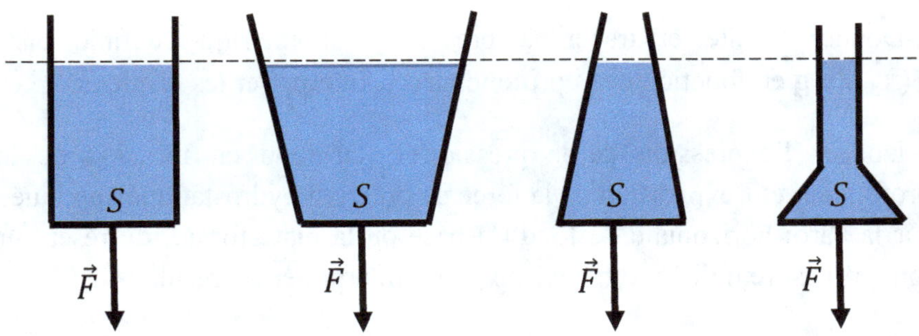

Figure 13 : Paradoxe hydrostatique

7 Exercices corrigés

7.1 Exercice 1 : Liquide au repos et forces hydrostatiques

En mécanique des fluides, un fluide est un milieu continu décrit par ses grandeurs physiques : la masse volumique $\boldsymbol{\rho}(\mathbf{x_i}, \mathbf{t})$ en $(\mathbf{Kg/m^3})$; la pression $\mathbf{p}(\mathbf{x_i}, \mathbf{t})$ en $(\mathbf{N/m^2})$ et la vitesse $\vec{\mathbf{U}}(\mathbf{x_i}, \mathbf{t})$ en $(\mathbf{m/s})$ $\mathbf{i = 1, 2, 3}$.

1-Donner le champ de masse volumique $\boldsymbol{\rho}(\mathbf{x_i}, \mathbf{t})$, de vitesse $\vec{\mathbf{U}}(\mathbf{x_i}, \mathbf{t})$ et de pression $\mathbf{P}(\mathbf{x_i}, \mathbf{t})$ de l'eau potable stockée dans un réservoir rectangulaire, de côté $(\mathbf{a}, \mathbf{b}, \mathbf{c})$, et trop plein. Ce réservoir sert à alimenter une zone rurale en eau potable. On prend : $\mathbf{x_3}(\mathbf{SL}) = \mathbf{0}$, et on suppose que la pression au niveau de la surface libre de l'eau est égale à la pression atmosphérique.

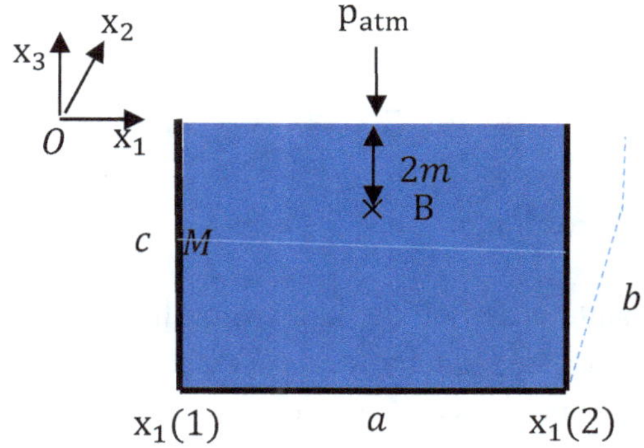

Figure 14 : Eau au repos dans un réservoir rectangulaire (Trop plein)

2-Calculer la pression au point B situé à 2 m de profondeur. On prend la pression atmosphérique $\mathbf{p_{atm}} = \mathbf{1,01325} \times \mathbf{10^5}\ \mathbf{N/m^2}$; et l'Accélération de la pesanteur $\mathbf{g} = \mathbf{9,8}\ \mathbf{m/s^2}$. Interpréter ce résultat.

3-Donner l'unité et tracer la pression manométrique définie par : $\mathbf{P}(\mathbf{x_3})/\boldsymbol{\rho}\ \mathbf{g}$ en fonction de la profondeur $\mathbf{x_3}$. Interpréter les résultats.

4-Donner l'expression de la pression $\mathbf{P_F}$ au fond en fonction de la profondeur et l'expression de la force de pression hydrostatique appliquée sur la paroi horizontale de fond (la base ou la plate-forme) du réservoir lorsqu'il est rempli à moitié et trop plein. Interpréter les résultats

5-Donner l'expression de la force de pression hydrostatique appliquée sur la paroi verticale (paroi latérale) située dans le plan $(\mathbf{O}, \mathbf{x_1}, \mathbf{0}, \mathbf{x_3})$. On prend $\mathbf{p_{atm}} = \mathbf{0}$ à $\mathbf{x_3} = \mathbf{x_3}(\mathbf{SL}) = \mathbf{0}$ (réservoir trop-plein)

6- Donner l'expression de la force de pression hydrostatique appliquée sur la moitié supérieure de la paroi latérale puis sur la moitié inférieure. Comparer et interpréter les résultats. (Réservoir trop-plein)

Solution de l'exercice 1

1-Champ de masse volumique $\boldsymbol{\rho(x_i, t)}$, de vitesse $\vec{\mathbf{U}}(\mathbf{x_i}, \mathbf{t})$ et de pression $\mathbf{P(x_i, t)}$ de l'eau potable stockée dans un réservoir :

-Masse volumique $\boldsymbol{\rho(x_i, t)}$: L'eau est un liquide incompressible, sa masse volumique est constante $\boldsymbol{\rho(x_i, t) = cst = 1Kg/l}$ (au repos ou en mouvement)

-Vitesse $\vec{\mathbf{U}}(\mathbf{x_i}, \mathbf{t})$: Le champ de vitesse de l'eau est $\vec{\mathbf{U}}(\mathbf{x_i}, \mathbf{t}) = \vec{\mathbf{0}}$, car l'eau est stockée, donc au repos, statique.

-Pression $\mathbf{P(x_i, t)}$: Pour déterminer le champ de pression, on applique le principe de la statique des fluides (la loi des fluides au repos ou le principe de l'hydrostatique) :

$$\frac{dp(x_3)}{dx_3} = -\rho\, g \;\rightarrow dp(x_3) = -\rho\, g dx_3$$

Intégration entre $\mathbf{x_3}$ **et** $\mathbf{x_3(SL)}$:

$$\int_{x_3(SL)}^{x_3} dp(x_3) = \int_{x_3(SL)}^{x_3} -\rho\, g\, dz = -\rho\, g \int_{x_3(SL)}^{x_3} dz$$

$$p(x_3) - p\big(x_3(SL)\big) = -\rho\, g(x_3 - x_3(SL))$$

On trouve la fonction de pression $\mathbf{p(x_3(SL) = 0) = p_{atm}}$:

$$p(x_3) = p_{atm} - \rho\, g x_3$$

2- La pression au point B :

La Pression au point B situé à 2 de mètre de profondeur, c'est à dire : $\mathbf{x_3 = -2\ m}$

$$\begin{aligned} p(x_3 = -2) = p_{atm} - \rho\, g x_3 & \\ & = 1,01325 \times 10^5\ N/m^2 \\ & - (1000\ Kg/m^3 \times 9,8\ m/s^2 \times -2\ m) \\ & = 1,2092010^5\ N/m^2 \end{aligned}$$

La pression en B est plus grande que la pression à la surface libre, la différence entre les deux pressions est un peu près $\mathbf{2.10^4\ N/m^2}$ et le rapport entre les deux pressions est un peu prés 1,2.

3-Unité et courbe de la pression manométrique : $\mathbf{p_m(x_3)}$:

La pression manométrique est la pression par unité de poids.

$$\mathbf{p_m(x_3) = \frac{p(x_3)}{\rho\, g}}$$

$$\mathbf{p(x_3) = p_{atm} - \rho\, g x_3}$$

$$\mathbf{\frac{p(x_3)}{\rho\, g} = \frac{p_{atm}}{\rho\, g} - x_3}$$

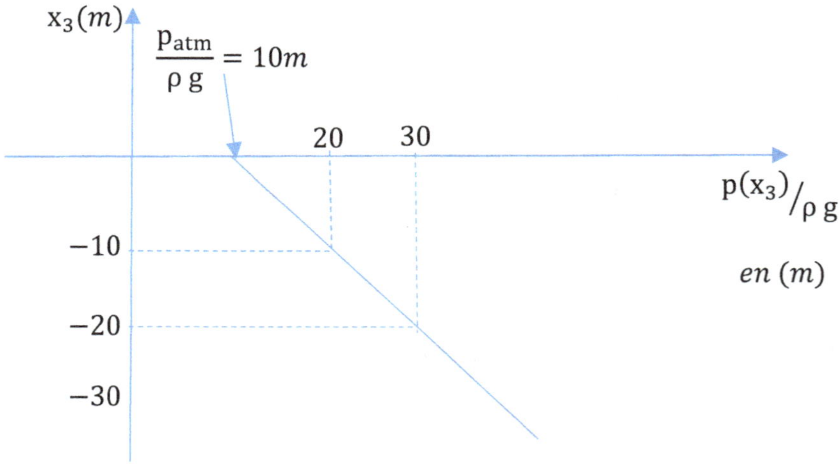

Figure 15 : pression en fonction de la profondeur

L'unité c'est le (m) car $\mathbf{x_3}$ est d'unité (m)

Ou bien :

$$\mathbf{\frac{N/m^2}{{Kg}/{m^3}\ {m}/{s^2}} = \frac{N.s^2}{Kg} = m}$$

$$\mathbf{Car :\ N = \frac{Kg.m}{s^2} \quad (\sum \vec{F} = m\vec{\gamma})}$$

La pression augmente linéairement avec la profondeur. À 10 m de profondeur la pression est deux fois plus grande que la pression atmosphérique et à 100 m c'est 10 fois plus grande que la pression atmosphérique.

4-Pression $\mathbf{p_F}$ au Fond :

Le réservoir rempli à moitié :

$$\mathbf{x_3(F) = -h}$$

$$\mathbf{x_3(F) = -h = -\frac{c}{2}}$$

$$\mathbf{p(x_3) = p_{atm} - \rho\, g x_3}$$

$$\mathbf{p_F = p(x_3 = -h) = p_{atm} + \rho\, gh = p_{atm} + \rho\, g\frac{c}{2}}$$

$$\mathbf{p_F = p_{atm} + \rho\, gh}$$

Le réservoir est entièrement rempli :

$$\mathbf{x_3(F) = -h = -c}$$

$$\mathbf{h = c}$$

$$\mathbf{p(x_3) = p_{atm} - \rho\, g x_3}$$

$$\mathbf{p_F = p(x_3 = -h) = p_{atm} + \rho\, gh = p_{atm} + \rho\, g.c}$$

$$\mathbf{p_F = p_{atm} + \rho\, gh}$$

Remarques :

Pour utiliser la relation $\mathbf{p(x_3) = p_{atm} - \rho\, g x_3}$ il faut que $\mathbf{p(x_3(SL) = 0) = p_{atm}}$

La pression au fond dépend de la profondeur.

Cette relation ne dépend pas du repère.

Force hydrostatique sur paroi horizontale S : La résultante des forces de pression appliquée sur la surface horizontale S.

Le réservoir est rempli à moitié, donc la hauteur d'eau, c'est aussi la profondeur d'eau est :

$$\mathbf{h = \frac{c}{2}}$$

La pression est constante sur la surface S du fond : $\mathbf{p_F = p_{atm} + \rho\, g.h}$

Le fond est une surface plane $\mathbf{S = a.b}$ de normale unitaire sortante $\vec{\mathbf{n}} = \overrightarrow{\mathbf{x_3}}$:

$$\vec{\mathbf{F}} = -\mathbf{P.S}\,\vec{\mathbf{n}}$$

$$\vec{\mathbf{F}} = -(\mathbf{p_{atm} + \rho\, g.h}).\mathbf{S}\,\overrightarrow{\mathbf{x_3}}$$

5-Force hydrostatique sur paroi verticale

La force de pression exercée sur une surface S est égale à :

$$\vec{\mathbf{F}} = -\iint_s \mathbf{P(x_i, t).\vec{n}dS} \qquad \textbf{et}\ \vec{\mathbf{n}} : \text{Normale à la surface S}$$

Dans le cas de notre cas :

$$\mathbf{P(x_i, t) = p(x_3) = -\rho\, g x_3}$$

La surface S est une surface plane rectangulaire appartenant au plan $(\mathbf{O, x_1, 0, x_3})$

$\vec{\mathbf{n}}$: Normale à la surface S du fond $\vec{\mathbf{n}} = \overrightarrow{\mathbf{x_2}}$

$$\vec{\mathbf{F}} = -\iint_s -\mathbf{\rho\, g x_3}.\overrightarrow{\mathbf{x_2}}\ \mathbf{d\,x_1 dx_3}$$

$$\vec{F} = \rho\, g \iint_s x_3 \; dx_1 dx_3 \;\; \overrightarrow{x_2}$$

$$\iint_s x_3 \; dx_1 dx_3 = \int_{x_1(1)}^{x_1(2)} \left(\int_{x_3(F)}^{x_3(SL)} x_3 dx_3 \right) dx_1$$

$$\int_{x_3(F)}^{x_3(SL)} x_3 dx_3 = \left[\frac{x_3{}^2}{2}\right]_{x_3(F)=-c}^{x_3(SL)=0} = -\frac{c^2}{2}$$

$$\iint_s x_3 \; dx_1 dx_3 = \int_{x_1(1)}^{x_1(2)} -\frac{c^2}{2} dx_1 = -\frac{c^2}{2} \int_{x_1(1)}^{x_1(2)} dx_1 = -\frac{c^2}{2} a$$

$$\vec{F} = -\rho\, g \frac{c^2}{2} a \;\; \overrightarrow{x_2}$$

6-Moitié inférieure de la face (Suivant z nous intégrerons entre $\mathbf{x_3(M)}$ **et** $\mathbf{x_3(F)}$ avec M est un point situé à Mi- profondeur de la surface libre) :

$$\int_{x_3(F)}^{x_3(M)} x_3 dx_3 = \left[\frac{x_3{}^2}{2}\right]_{x_3(F)=-c}^{x_3(M)=-\frac{c}{2}} = \frac{c^2}{8} - \frac{c^2}{2} = -\frac{3.\,c^2}{8}$$

$$\vec{F} = -\rho\, g \frac{3.\,c^2}{8} a \;\; \overrightarrow{x_2}$$

Moitié supérieure de la face (Suivant z nous intégrerons entre $\mathbf{x_3(SL)}$ **et** $\mathbf{x_3(M)}$ avec M est un point situé à Mi- profondeur de la surface libre) :

$$\int_{x_3(M)}^{x_3(SL)} x_3 dx_3 = \left[\frac{x_3{}^2}{2}\right]_{x_3(M)=-\frac{c}{2}}^{x_3(SL)=0} = -\frac{c^2}{8}$$

$$\vec{F} = -\rho\, g \frac{c^2}{8} a \;\; \overrightarrow{x_2}$$

Moitié inférieure de la face subit une force de pression trois fois plus grande à celle que subit la moitié supérieure. La force de pression augmente avec la profondeur.

Il faut toujours bien renforcer la partie inférieure du réservoir.

7.2 Exercice 2 : Force hydrostatique sur un barrage cylindrique.

Considérons un barrage cylindrique de rayon **R** et de hauteur **h**, calculer la force hydrostatique de l'eau appliquée sur ce barrage lorsqu'il est entièrement rempli. $\mathbf{p_{atm} = 0}$ à $\mathbf{x_3(SL) = 0}$

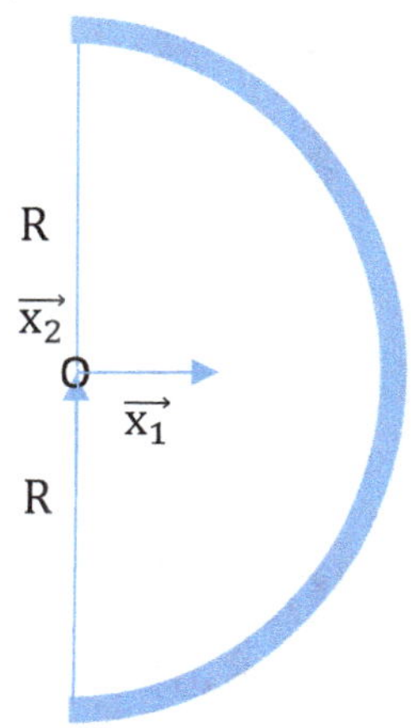

Figure 16 : Barrage semi-cylindrique

Solution de l'exercice 2

La force de pression exercée sur une surface S est égale à :

$$\vec{\mathbf{F}} = -\iint_s \mathbf{P(x_i, t).\vec{n}ds\ \ avec\ \vec{n}} : \text{Normale à la surface S}$$

La pression de l'eau est :

$$\mathbf{p(x_3) = -\rho\, g x_3}$$

$$\mathbf{p_{atm} = 0} \text{ à } \mathbf{x_3(SL) = 0}$$

La surface S est une surface cylindrique.

Changement de repère :

Repère cartésien vers Repère cylindrique

$$(\overrightarrow{\mathbf{x_1}}, \overrightarrow{\mathbf{x_2}}, \overrightarrow{\mathbf{x_3}}) \rightarrow (\overrightarrow{\mathbf{e_r}}, \overrightarrow{\mathbf{e_\theta}}, \overrightarrow{\mathbf{x_3}})$$

Coordonnées cartésiennes vers les coordonnées cylindriques

$$(\mathbf{x_1}, \mathbf{x_2}, \mathbf{x_3}) \rightarrow (\mathbf{r}, \boldsymbol{\theta}, \mathbf{x_3})$$

Elément de surface du barrage semi-cylindrique :

$$\mathbf{ds = dldx_3 = Rd\theta dx_3 \quad (r = cst = R)}$$

$$-\frac{\pi}{2} \leq \theta \leq \frac{\pi}{2}$$

$$-h \leq x_3 \leq 0$$

Calcul de la surface d'un disque : $\mathbf{ds = dldr = rd\theta dr \quad (x_3 = cst)}$

Calcul du volume du cylindre : $\mathbf{dv = dldrdx_3 = rd\theta drdx_3}$

Le Vecteur unitaire perpendiculaire à S :

$$\vec{n} = -\overrightarrow{e_r} = \begin{pmatrix} -\cos\theta \\ -\sin\theta \\ 0 \end{pmatrix}_{(\overrightarrow{x_1}, \overrightarrow{x_2}, \overrightarrow{x_3})}$$

$$\vec{F} = -\iint_s -\rho\, g x_3 . R d\theta dx_3 \begin{pmatrix} -\cos\theta \\ -\sin\theta \\ 0 \end{pmatrix}_{(\overrightarrow{x_1}, \overrightarrow{x_2}, \overrightarrow{x_3})}$$

$$= -\rho\, gR \begin{pmatrix} \iint_s x_3 . \cos\theta\, d\theta dx_3 \\ \iint_s x_3 . \sin\theta\, d\theta dx_3 \\ 0 \end{pmatrix}_{(\overrightarrow{x_1}, \overrightarrow{x_2}, \overrightarrow{x_3})} =$$

$$\iint_s x_3 . \cos\theta\, d\theta dx_3 = \int_{-\frac{\pi}{2}}^{\frac{\pi}{2}} \left(\int_{-h}^{0} x_3 dx_3 \right) \cos\theta\, d\theta$$

$$= \int_{-\frac{\pi}{2}}^{\frac{\pi}{2}} \left(\left[\frac{x_3{}^2}{2} \right]_{-h}^{0} \right) \cos\theta\, d\theta = -\frac{h^2}{2} \int_{-\frac{\pi}{2}}^{\frac{\pi}{2}} \cos\theta\, d\theta$$

$$= -\frac{h^2}{2} [\sin\theta]_{-\frac{\pi}{2}}^{\frac{\pi}{2}} = -h^2$$

$$\iint_s x_3.\sin\theta\, d\theta dx_3 = \frac{h^2}{2}\int_{-\frac{\pi}{2}}^{\frac{\pi}{2}} \sin\theta\, d\theta = -\frac{h^2}{2}[\cos\theta]_{-\frac{\pi}{2}}^{\frac{\pi}{2}} = 0$$

$$\vec{F} = -\iint_s -\rho\, g x_3.R d\theta dx_3 \begin{pmatrix} -\cos\theta \\ -\sin\theta \\ 0 \end{pmatrix}_{(\overrightarrow{x_1},\overrightarrow{x_2},\overrightarrow{x_3})}$$

$$= -\rho\, gR \begin{pmatrix} -h^2 \\ 0 \\ 0 \end{pmatrix}_{(\overrightarrow{x_1},\overrightarrow{x_2},\overrightarrow{x_3})} =$$

$$\vec{F} = \rho\, gRh^2\overrightarrow{x_1}$$

La résultante de force de pression hydrostatique pousse le barrage suivant $\overrightarrow{x_1}$.

Chapitre 2 : Cinématique des fluides

1 Introduction

La cinématique des fluides se concentre sur la description du mouvement des fluides, étudiant les vitesses, les accélérations, les trajectoires et les lignes de courant des particules-fluides, sans se préoccuper des forces qui causent ce mouvement. Elle fournit une base essentielle pour comprendre les écoulements et est cruciale pour la conception de nombreux systèmes impliquant des fluides.

Ce chapitre débute par un rappel des concepts clés tels que la dérivation, la différentielle et les opérateurs vectoriels. Nous explorerons ensuite les différentes manières de décrire le mouvement d'un fluide, en accordant une attention particulière à la description eulérienne, couramment utilisée dans ce domaine. Une classification des écoulements sera aussi présentée. Enfin, Nous aborderons la notion du débit et nous établirons la dérivée totale, un outil indispensable pour analyser l'évolution des propriétés d'un fluide en mouvement dans le cadre eulérien.

Il est important de noter que l'analyse du mouvement du fluide présentée dans ce chapitre repose sur une description macroscopique, utilisant le modèle du milieu continu.

2 Dérivée, différentielle et opérateurs vectoriels

2.1 Introduction

Ce chapitre introduit les concepts de dérivée et de différentielle pour des fonctions d'une et de plusieurs variables, nous explorerons également l'opérateur de dérivation vectorielle Nabla et ses applications cruciales en mécanique des fluides. Enfin, nous définirons la dérivée totale (ou particulaire), un concept clé pour suivre l'évolution des propriétés d'un élément fluide se déplaçant dans le champ d'écoulement eulérien.

Pour des raisons de simplicité, nous considérons l'espace euclidien tridimensionnel $\mathbb{R}^3$ sur le corps des nombres réels $\mathbb{R}$, muni de la base orthonormée directe cartésienne $(\vec{\mathbf{x}}_1, \vec{\mathbf{x}}_2, \vec{\mathbf{x}}_3)$ et d'un référentiel $\boldsymbol{\mathcal{R}}(\mathbf{O}, \vec{\mathbf{x}}_1, \vec{\mathbf{x}}_2, \vec{\mathbf{x}}_3, \mathbf{t})$, où $\mathbf{O}$ est un point fixe et $\mathbf{t}$ est le temps.

2.2 Dérivée et différentielle d'une fonction à une seule variable

Soit $\mathbf{f(x_1)}$ une fonction continue à une seule variable $\mathbf{x_1}$ et $\mathbf{\Delta x_1}$ un déplacement infinitésimal (infiniment petit) selon $\mathbf{x_1}$.

La dérivée de $\mathbf{f(x_1)}$ par rapport à $\mathbf{x_1}$ notée $\mathbf{f(x_1)' ou\ df(x_1)/dx_1}$, est égale à :

$$\mathbf{f(x_1)' = \frac{df(x_1)}{dx_1} = \lim_{\Delta x_1 \to 0} \frac{f(x + \Delta x_1) - f(x_1)}{\Delta x_1} = \lim_{\Delta x_1 \to 0} \frac{\Delta f(x_1)}{\Delta x_1}}$$

La différentielle de la fonction $\mathbf{f(x_1)}$, notée $\mathbf{df(x_1)}$, est égale à :

$$\mathbf{df(x_1) = f(x_1)'.\Delta x_1 = \frac{df(x_1)}{dx_1}.\Delta x_1}$$

2.3 Signification géométrique de la dérivée et la différentielle

La dérivée d'une fonction mesure son taux de variation instantané en un point, représentant la pente de la tangente à la courbe, tandis que la différentielle est une approximation linéaire de la variation de cette fonction autour d'un point, estimant les petites variations le long de la tangente ; la dérivée est un taux, la différentielle est une approximation, la première décrivant la pente locale et la seconde approximant la variation locale.

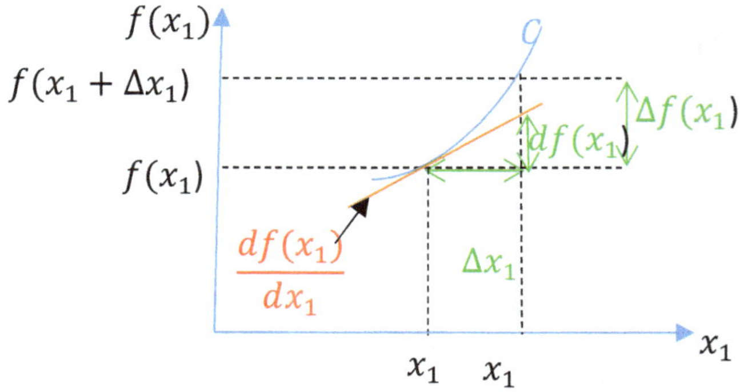

Figure 17 : Représentation géométrique de la dérivée et de la différentielle d'une fonction à une seule variable.

Exemple 1

La fonction $\mathbf{f(x_1)}$:

$$\mathbf{f(x_1) = x_1}$$

La dérivée $\mathbf{f(x_1)'}$:

$$\mathbf{f(x_1)' = 1}$$

La différentielle $\mathrm{d}\mathbf{f(x_1)}$:

$$\mathbf{df(x_1) = dx_1 = \Delta x_1}$$

On vient de démontrer que :

$$\mathbf{dx_1 = \Delta x_1}$$

L'expression de la différentielle devient :

$$\mathbf{df(x_1) = f(x_1)'.\Delta x_1 = f(x_1)'.dx_1}$$

Exemple 2

La fonction $\mathbf{f(x_1)}$:

$$\mathbf{f(x_1) = {x_1}^2 + 2}$$

La dérivée $\mathbf{f(x_1)'}$:

$$\begin{aligned}\mathbf{f(x_1)'} &= \mathbf{\frac{df(x_1)}{dx_1} = \lim_{\Delta x_1 \to 0} \frac{f(x_1 + \Delta x_1) - f(x_1)}{\Delta x_1}} \\ &= \mathbf{\lim_{\Delta x_1 \to 0} \frac{(x_1 + \Delta x_1)^2 + 2 - {x_1}^2 - 2}{\Delta x_1}} \\ &= \mathbf{\lim_{\Delta x_1 \to 0} \frac{{\Delta x_1}^2 + 2x_1 \Delta x_1}{\Delta x_1} = \lim_{\Delta x_1 \to 0} \Delta x_1 + 2x_1 = 2x_1}\end{aligned}$$

La différentielle $\mathrm{d}\mathbf{f(x_1)}$:

$$\mathbf{df(x_1) = 2x_1.dx_1}$$

2.4 Différentielle d'une fonction continue à trois variables

Soit $\mathbf{f(x_1, x_2, x_3)}$ une fonction continue à trois variables $\mathbf{x_1, x_2\ et\ x_3}$ et $\mathbf{dx_1, dx_2, dx_3}$ des déplacements infinitésimaux (infiniment petits) selon $\mathbf{x_1, x_2, x_3}$, la différentielle de $\mathbf{f(x_1, x_2, x_3)}$, notée $\mathbf{df(x_1, x_2, x_3)}$, est égale à :

$$\mathbf{df(x_1, x_2, x_3) = \frac{\partial f(x_1, x_2, x_3)}{\partial x_1} dx_1 + \frac{\partial f(x_1, x_2, x_3)}{\partial x_2} dx_2 + \frac{\partial f(x_1, x_2, x_3)}{\partial x_3} dx_3}$$

Les dérivées partielles de $\mathbf{f(x_1, x_2, x_3)}$ par rapport à $\mathbf{x_1, x_2\ et\ x_3}$ sont :

La dérivée partielle de $\mathbf{f(x_1, x_2, x_3)}$ par rapport à $\mathbf{x_1}$:

$$\mathbf{\frac{\partial f(x_1, x_2, x_3)}{\partial x_1} = \lim_{dx_1 \to 0} \frac{f(x_1 + dx_1, x_2, x_3) - f(x_1, x_2, x_3)}{dx_1}}$$

La dérivée partielle de $\mathbf{f(x_1, x_2, x_3)}$ par rapport à $\mathbf{x_2}$:

$$\mathbf{\frac{\partial f(x_1, x_2, x_3)}{\partial x_2} = \lim_{dx_2 \to 0} \frac{f(x_1, x_2 + dx_2, x_3) - f(x_1, x_2, x_3)}{dx_2}}$$

La dérivée partielle de $\mathbf{f(x_1, x_2, x_3)}$ par rapport à $\mathbf{x_3}$:

$$\mathbf{\frac{\partial f(x_1, x_2, x_3)}{\partial x_3} = \lim_{dx_3 \to 0} \frac{f(x_1, x_2, x_3 + dx_3) - f(x_1, x_2, x_3)}{dx_3}}$$

La différentielle de la fonction $\mathbf{f(x_1, x_2, x_3)}$ en un point est une approximation linéaire de la variation de cette fonction autour d'un point, en utilisant les pentes des dérivées partielles.

Exemple :

La fonction :

$$\mathbf{f(x_1, x_2, x_3) = x_1 . x_2 + {x_2}^2 + x_3}$$

La différentielle $\mathrm{d}\mathbf{f(x_1, x_2, x_3)}$:

$$\mathbf{df(x_1, x_2, x_3) = \frac{\partial f(x_1, x_2, x_3)}{\partial x_1} dx_1 + \frac{\partial f(x_1, x_2, x_3)}{\partial x_2} dx_2 + \frac{\partial f(x_1, x_2, x_3)}{\partial x_3} dx_3}$$

$$\mathbf{\frac{\partial f(x_1, x_2, x_3)}{\partial x_1} = x_2; \frac{\partial f(x_1, x_2, x_3)}{\partial x_2} = x_1 + 2x_2; \frac{\partial f(x_1, x_2, x_3)}{\partial x_3} = 1}$$

$$\mathbf{df(x_1, x_2, x_3) = x_2 dx_1 + (x_1 + 2x_2) dx_2 + dx_3}$$

2.5 Différentielle d'une fonction continue à quatre variables d'Euler

Soit $\mathbf{f(x_1, x_2, x_3, t)}$ une fonction continue à quatre variables d'Euler $\mathbf{x_1, x_2, x_3}$ **et** $\mathbf{t}$, avec $\mathbf{x_1, x_2}$ **et** $\mathbf{x_3}$ sont les variables d'Euler de l'espace et t la variable du temps, la différentielle de $\mathbf{f(x_1, x_2, x_3, t)}$ notée $\mathbf{df(x_1, x_2, x_3, t)}$ est égale à :

$$\mathbf{df(x_1, x_2, x_3, t) = \frac{\partial f(x_1, x_2, x_3, t)}{\partial t} dt + \frac{\partial f(x_1, x_2, x_3, t)}{\partial x_1} dx_1 + \frac{\partial f(x_1, x_2, x_3,)}{\partial x_2} dx_2 + \frac{\partial f(x_1, x_2, x_3, t)}{\partial x_3} dx_3}$$

Les dérivées partielles de $\mathbf{f(x_1, x_2, x_3)}$ par rapport à $\mathbf{x_1, x_2, x_3}$ **et** $\mathbf{t}$, sont :

La dérivée partielle de $\mathbf{f(x_1, x_2, x_3, t)}$ par rapport à $\mathbf{x_1}$:

$$\mathbf{\frac{\partial f(x_1, x_2, x_3, t)}{\partial x_1} = \lim_{dx_1 \to 0} \frac{f(x_1 + dx_1, x_2, x_3, t) - f(x_1, x_2, x_3, t)}{dx_1}}$$

La dérivée partielle de $\mathbf{f(x_1, x_2, x_3, t)}$ par rapport à $\mathbf{x_2}$:

$$\mathbf{\frac{\partial f(x_1, x_2, x_3, t)}{\partial x_2} = \lim_{dx_2 \to 0} \frac{f(x_1, x_2 + dx_2, x_3, t) - f(x_1, x_2, x_3, t)}{dx_2}}$$

La dérivée partielle de $\mathbf{f(x_1, x_2, x_3, t)}$ par rapport à $\mathbf{x_3}$:

$$\mathbf{\frac{\partial f(x_1, x_2, x_3, t)}{\partial x_3} = \lim_{dx_3 \to 0} \frac{f(x_1, x_2, x_3 + dx_3, t) - f(x_1, x_2, x_3, t)}{dx_3}}$$

La dérivée partielle de $\mathbf{f(x_1, x_2, x_3, t)}$ par rapport à $\mathbf{t}$:

$$\mathbf{\frac{\partial f(x_1, x_2, x_3, t)}{\partial t} = \lim_{dt \to 0} \frac{f(x_1, x_2, x_3, t + dt) - f(x_1, x_2, x_3, t)}{dt}}$$

2.6 Opérateur de dérivation vectorielle Nabla

2.6.1 Définition

En mathématiques, un opérateur est une application mathématique qui agit sur les fonctions ou les vecteurs. La dérivation est un exemple courant, où l'opérateur différentiel, appliqué à une fonction, produit sa dérivée. L'opérateur de dérivation vectorielle Nabla, noté $\vec{\nabla}$, est un opérateur différentiel vectoriel défini par :

$$\vec{\nabla} = \begin{pmatrix} \frac{\partial}{\partial x_1} \\ \frac{\partial}{\partial x_2} \\ \frac{\partial}{\partial x_3} \end{pmatrix} = \frac{\partial}{\partial x_1}\vec{x}_1 + \frac{\partial}{\partial x_2}\vec{x}_2 + \frac{\partial}{\partial x_3}\vec{x}_3$$

L'opérateur nabla $\vec{\nabla}$ est un outil essentiel en calcul vectoriel, il s'applique à des fonctions et à des champs vectoriels.

2.6.2 Gradient d'une fonction

Le gradient d'une fonction $\mathbf{f(x_1, x_2, x_3)}$, symbolisé par $\overrightarrow{\mathbf{grad}}\,\mathbf{f}$, est obtenu en appliquant l'opérateur $\vec{\nabla}$ à cette fonction :

$$\overrightarrow{\mathbf{grad}}\,\mathbf{f} = \vec{\nabla}\,\mathbf{f} = \begin{pmatrix} \frac{\partial f}{\partial x_1} \\ \frac{\partial f}{\partial x_2} \\ \frac{\partial f}{\partial x_3} \end{pmatrix} = \frac{\partial f}{\partial x_1}\vec{x}_1 + \frac{\partial f}{\partial x_2}\vec{x}_2 + \frac{\partial f}{\partial x_3}\vec{x}_3$$

$\overrightarrow{\mathbf{grad}}\,\mathbf{f}$ est un vecteur.

2.6.3 Laplacien d'une fonction

Le Laplacien d'une fonction $\mathbf{f(x_1, x_2, x_3)}$, noté $\Delta\,\mathbf{f}$ est le produit scalaire entre l'opérateur nabla $\vec{\nabla}$ et le gradient de la fonction $\mathbf{f(x_1, x_2, x_3)}$ $(\vec{\nabla}\,\mathbf{f})$:

$$\Delta\,\mathbf{f} = \vec{\nabla}\,.\,(\vec{\nabla}\,\mathbf{f}) = \frac{\partial^2 f}{\partial {x_1}^2} + \frac{\partial^2 f}{\partial {x_2}^2} + \frac{\partial^2 f}{\partial {x_3}^2}$$

Δ **f** est un scalaire

Exemple

$$\mathbf{f(x_1, x_2, x_3) = x_1 . x_2 + {x_2}^2 + x_3}$$

$$\mathbf{\frac{\partial f(x_1, x_2, x_3)}{\partial x_1} = x_2; \frac{\partial f(x_1, x_2, x_3)}{\partial x_2} = x_1 + 2x_2; \frac{\partial f(x_1, x_2, x_3)}{\partial x_3} = 1}$$

$$\mathbf{\overrightarrow{grad}\, f = \vec{\nabla}\, f = \begin{pmatrix} \frac{\partial f}{\partial x_1} \\ \frac{\partial f}{\partial x_2} \\ \frac{\partial f}{\partial x_3} \end{pmatrix} = x_2 \vec{x}_1 + (x_1 + 2x_2)\vec{x}_2 + \vec{x}_3}$$

$$\mathbf{\Delta\, f = \vec{\nabla} . \left(\vec{\nabla}\, f\right) = \begin{pmatrix} \frac{\partial}{\partial x_1} \\ \frac{\partial}{\partial x_2} \\ \frac{\partial}{\partial x_3} \end{pmatrix} . \begin{pmatrix} \frac{\partial f}{\partial x_1} \\ \frac{\partial f}{\partial x_2} \\ \frac{\partial f}{\partial x_3} \end{pmatrix} = 2}$$

2.6.4 Divergence d'un vecteur

La divergence d'un vecteur $\mathbf{\vec{v}(x_1, x_2, x_3)}$ de coordonnées $\mathbf{(v_1, v_2, v_3)}$, noté **div** $\mathbf{\vec{v}}$ est le produit scalaire entre l'opérateur Nabla $\mathbf{\vec{\nabla}}$ et le vecteur $\mathbf{\vec{v}(x_1, x_2, x_3)}$:

$$\mathbf{div\, \vec{v} = \vec{\nabla} . \vec{v} = \begin{pmatrix} \frac{\partial}{\partial x_1} \\ \frac{\partial}{\partial x_2} \\ \frac{\partial}{\partial x_3} \end{pmatrix} . \begin{pmatrix} v_1 \\ v_2 \\ v_3 \end{pmatrix} = \frac{\partial v_1}{\partial x_1} + \frac{\partial v_2}{\partial x_2} + \frac{\partial v_3}{\partial x_3}}$$

div $\mathbf{\vec{v}}$ est un scalaire.

2.6.5 Rotationnel d'un vecteur

Le rotationnel d'un vecteur $\mathbf{\vec{v}(x_1, x_2, x_3)}$, noté $\mathbf{\overrightarrow{rot}\, \vec{v}}$ est le produit vectoriel entre l'opérateur Nabla $\mathbf{\vec{\nabla}}$ et le vecteur $\mathbf{\vec{v}(x_1, x_2, x_3)}$:

$$\overrightarrow{\mathbf{rot}}\,\vec{v} = \vec{\nabla} \wedge \vec{v} = \begin{vmatrix} \frac{\partial}{\partial x_1} & v_1 & \overrightarrow{x_1} \\ \frac{\partial}{\partial x_2} & v_2 & \overrightarrow{x_2} \\ \frac{\partial}{\partial x_3} & v_3 & \overrightarrow{x_3} \end{vmatrix} = \begin{pmatrix} \frac{\partial v_3}{\partial x_2} - \frac{\partial v_2}{\partial x_3} \\ \frac{\partial v_1}{\partial x_3} - \frac{\partial v_3}{\partial x_1} \\ \frac{\partial v_2}{\partial x_1} - \frac{\partial v_1}{\partial x_2} \end{pmatrix}$$

$\overrightarrow{\mathbf{rot}}\,\vec{\mathbf{v}}$ est un vecteur.

2.7 Dérivée totale d'une fonction continue à quatre variables d'Euler.

2.7.1 Définition

Soit $\mathbf{f(x_1, x_2, x_3, t)}$ une fonction continue à quatre variables $\mathbf{x_1, x_2, x_3}$ **et** $\mathbf{t}$, avec $\mathbf{x_1, x_2, x_3}$ **et t** sont les variables d'Euler de l'espace et t la variable du temps, la dérivée particulaire totale (particulaire, matérielle ou convective) de $\mathbf{f(x_1, x_2, x_3, t)}$, notée $\mathbf{df(x_1, x_2, x_3, t)/dt}$, est égale à :

$$\frac{df(x_1, x_2, x_3, t)}{dt} = \lim_{dt \to 0} \frac{f(x_1 + dx_1, x_2 + dx_2, x_3 + dx_3, t + dt) - f(x_1, x_2, x_3, t)}{dt} = \frac{\partial f}{\partial t} + \overrightarrow{\mathbf{grad}}(f).\vec{U} = \frac{\partial f}{\partial t} + \vec{\nabla}(f).\vec{U}$$

Avec :

$$\vec{U} = \begin{pmatrix} U_1 \\ U_2 \\ U_3 \end{pmatrix} = \begin{pmatrix} \frac{dx_1}{dt} \\ \frac{dx_2}{dt} \\ \frac{dx_3}{dt} \end{pmatrix}$$

$\vec{\mathbf{U}}$: Champ de vitesse eulérienne. (Voir paragraphe 3.2.3)

2.7.2 Démonstration

La différentielle de la fonction $\mathbf{f(x_1, x_2, x_3, t)}$ est donnée par :

$$\mathbf{df(x_1, x_2, x_3, t)} = \frac{\partial \mathbf{f(x_1, x_2, x_3, t)}}{\partial \mathbf{t}}\mathbf{dt} + \frac{\partial \mathbf{f(x_1, x_2, x_3, t)}}{\partial \mathbf{x_1}}\mathbf{dx_1} + \frac{\partial \mathbf{f(x_1, x_2, x_3,)}}{\partial \mathbf{x_2}}\mathbf{dx_2} + \frac{\partial \mathbf{f(x_1, x_2, x_3, t)}}{\partial \mathbf{x_3}}\mathbf{dx_3}$$

En divisant cette différentielle par $\mathbf{dt}$, on obtient la dérivée totale de $\mathbf{f(x_1, x_2, x_3, t)}$:

$$\frac{\mathbf{df(x_1, x_2, x_3, t)}}{\mathbf{dt}} = \frac{\partial \mathbf{f(x_1, x_2, x_3, t)}}{\partial \mathbf{t}} + \frac{\partial \mathbf{f(x_1, x_2, x_3, t)}}{\partial \mathbf{x_1}}\frac{\mathbf{dx_1}}{\mathbf{dt}} + \frac{\partial \mathbf{f(x_1, x_2, x_3, t)}}{\partial \mathbf{x_2}}\frac{\mathbf{dx_2}}{\mathbf{dt}} + \frac{\partial \mathbf{f(x_1, x_2, x_3, t)}}{\partial \mathbf{x_3}}\frac{\mathbf{dx_3}}{\mathbf{dt}}$$

$$= \frac{\partial \mathbf{f(x_1, x_2, x_3, t)}}{\partial \mathbf{t}} + \frac{\partial \mathbf{f(x_1, x_2, x_3, t)}}{\partial \mathbf{x_1}}\mathbf{U_1} + \frac{\partial \mathbf{f(x_1, x_2, x_3, t)}}{\partial \mathbf{x_2}}\mathbf{U_2} + \frac{\partial \mathbf{f(x_1, x_2, x_3, t)}}{\partial \mathbf{x_3}}\mathbf{U_3}$$

$$= \frac{\partial \mathbf{f}}{\partial \mathbf{t}} + \overrightarrow{\mathbf{grad}}(\mathbf{f}).\vec{\mathbf{U}} = \frac{\partial \mathbf{f}}{\partial \mathbf{t}} + \vec{\nabla}(\mathbf{f}).\vec{\mathbf{U}}$$

Avec :

$$\vec{\mathbf{U}} = \begin{pmatrix} \mathbf{U_1} \\ \mathbf{U_2} \\ \mathbf{U_3} \end{pmatrix} = \begin{pmatrix} \frac{\mathbf{dx_1}}{\mathbf{dt}} \\ \frac{\mathbf{dx_2}}{\mathbf{dt}} \\ \frac{\mathbf{dx_3}}{\mathbf{dt}} \end{pmatrix}$$

$\vec{\mathbf{U}}$: Champ de vitesse eulérienne (Voir paragraphe 3.2.3)

2.8 Dérivée totale d'un champ continu de vecteurs à quatre variables d'Euler.

Soit $\vec{\mathbf{v}}(\mathbf{x_1, x_2, x_3, t})$ un champ de vecteur à quatre variables d'Euler $\mathbf{x_1, x_2, x_3}$ **et t**, et de coordonnée $(\mathbf{v_1, v_2, v_3})$, alors la dérivée totale (particulaire, matérielle ou convective) de $\vec{\mathbf{v}}(\mathbf{x_1, x_2, x_3, t})$, notée $\mathbf{d\vec{v}(x_1, x_2, x_3, t)/dt}$ est égale à :

$$
\begin{aligned}
&\frac{d\vec{v}(x_1, x_2, x_3, t)}{dt} \\
&= \lim_{dt \to 0} \frac{\vec{v}(x_1 + dx_1, x_2 + dx_2, x_3 + dx_3, t + dt) - \vec{v}(x_1, x_2, x_3, t)}{dt} \\
&= \frac{\partial \vec{v}}{\partial t} + \overrightarrow{grad}(\vec{v}).\vec{U} = \frac{\partial \vec{v}}{\partial t} + \vec{\nabla}(\vec{v}).\vec{U} = \frac{dv_1}{dt}\vec{i} + \frac{dv_2}{dt}\vec{j} + \frac{dv_3}{dt}\vec{k}
\end{aligned}
$$

Avec :

$$
\vec{U} = \begin{pmatrix} U_1 \\ U_2 \\ U_3 \end{pmatrix} = \begin{pmatrix} \frac{dx_1}{dt} \\ \frac{dx_2}{dt} \\ \frac{dx_3}{dt} \end{pmatrix}
$$

$\vec{U}$: Champ de vitesse eulérienne

3 Descriptions mécaniques des écoulements de fluide

La cinématique des fluides vise à étudier le mouvement des fluides à l'aide d'outils mathématiques. Elle requiert en premier temps, la définition préalable d'un repère. Pour cela, on considère le repère orthonormé direct $\mathbf{R}(\mathbf{O}, \vec{x}_1, \vec{x}_2, \vec{x}_3)$ (Figure 18) :

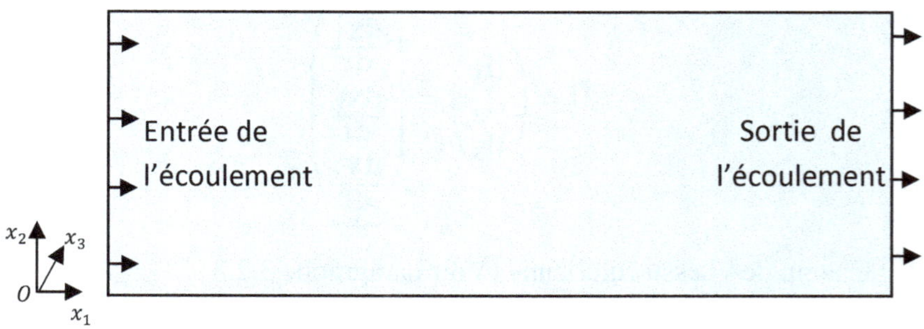

Figure 18 : Ecoulement dans une conduite rectangulaire

Pour illustrer les différentes notions de la cinématique des fluides, on considère un fluide en écoulement dans une conduite rectangulaire.

Selon la description macroscopique, un fluide en mouvement est un ensemble continu de particules-fluides en mouvement. Deux descriptions mécaniques permettent d'étudier le mouvement d'un ensemble continu de particules-fluides en mouvement (Figure 19) :

Description de Lagrange : consiste à identifier la particule-fluide puis à suivre la particule-fluide dans sa trajectoire et déterminer la position, la vitesse et l'accélération de cette particule-fluide au cours du temps. C'est la description utilisée pour décrire le mouvement d'un point matériel en mécanique du point.

Description d'Euler : consiste à se situer en un point fixe de l'espace et déterminer la vitesse, l'accélération des particules-fluides qui passent par ce point au cours du temps. C'est la description utilisée en mécanique des fluides.

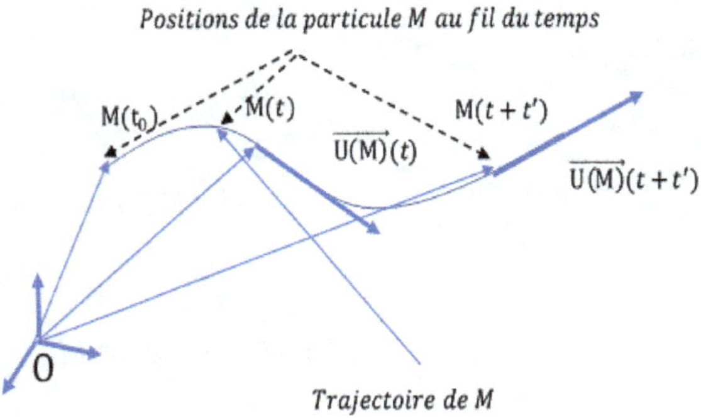

Description de Lagrange

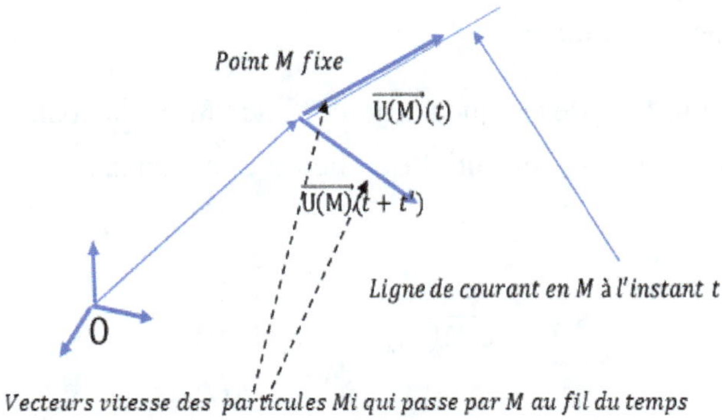

Description d'Euler

Figure 19 : Description d'Euler et de Lagrange

Exemple : Contrôle de vitesse des voitures

Description de Lagrange : identifier une voiture puis suivre cette voiture dans son mouvement et mesurer sa vitesse au fil du temps.

Description d'Euler : se situer en un point fixe, près d'un carrefour dangereux, et mesurer la vitesse des voitures qui passent par ce point au fil du temps.

3.1 Description de Lagrange du fluide

La description de Lagrange consiste à caractériser ou étiqueter, chaque particule-fluide **M** par sa position initiale $\overrightarrow{\mathbf{OM}}(\mathbf{t_0}) = \overrightarrow{\mathbf{OM_0}}$ puis à suivre ces particules-fluides dans leurs trajectoires et déterminer la position, la vitesse et l'accélération de chaque particule-fluide au cours du temps.

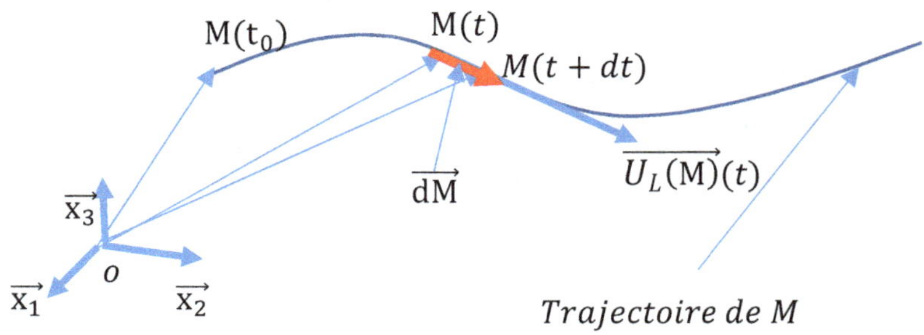

Figure 20 : Description de Lagrange d'un fluide

3.1.1 Position initiale

La position initiale de chaque particule-fluide **M** est la position qu'occupe cette particule à l'instant initial $\mathbf{t_0}$, elle est donnée par le vecteur $\overrightarrow{\mathbf{OM}}(\mathbf{t_0})$:

$$\overrightarrow{\mathbf{OM}}(\mathbf{t_0}) = \begin{pmatrix} \mathbf{x_1}(\mathbf{t_0}) \\ \mathbf{x_2}(\mathbf{t_0}) \\ \mathbf{x_3}(\mathbf{t_0}) \end{pmatrix}$$

3.1.2 Position à l'instant t

La position de chaque particule-fluide **M** à l'instant t est donnée par le vecteur position $\overrightarrow{\mathbf{OM}}(\mathbf{t})$:

$$\overrightarrow{\mathbf{OM}}(\mathbf{t}) = \begin{pmatrix} \mathbf{x_1}(\mathbf{t}) \\ \mathbf{x_2}(\mathbf{t}) \\ \mathbf{x_3}(\mathbf{t}) \end{pmatrix}$$

Avec $(\mathbf{x_1(t)}\,;\ \mathbf{x_2(t)}\ \mathbf{et}\ \mathbf{x_3(t)})$ sont les équations paramétriques du mouvement de la particule-fluide **M**, ces équations dépendent du temps **t**.

3.1.3 Equation de la trajectoire

La trajectoire de chaque particule-fluide **M** est définie par une équation qui établit une relation directe entre les coordonnées de sa position à un instant donné $\mathbf{t}$ et sa position initiale $\mathbf{t_0}$, sans faire intervenir explicitement le temps :

$$\mathbf{F}\big(\mathbf{x_1(t), x_2(t), x_3(t), x_1(t_0), x_2(t_0), x_3(t_0)}\big) = \mathbf{0}$$

Cette équation décrit la trajectoire, c'est-à-dire le chemin suivi par la particule-fluide au cours du temps.

3.1.4 Vecteur vitesse lagrangienne

Le vecteur vitesse lagrangienne $\overrightarrow{\mathbf{U_L}}$ de la particule-fluide **M** est obtenu par dérivation du vecteur position de la particule-fluide **M** par rapport au temps $\mathbf{t}$:

$$\overrightarrow{\mathbf{U_L(M)}}(\mathbf{t}) = \frac{\mathbf{d\overrightarrow{OM}}}{\mathbf{dt}} = \lim_{\mathbf{dt\to 0}} \frac{\mathbf{\overrightarrow{OM}(t+dt) - \overrightarrow{OM}(t)}}{\mathbf{dt}} = \frac{\mathbf{d\overrightarrow{OM}(t)}}{\mathbf{dt}}$$

$$= \begin{pmatrix} \dfrac{\mathbf{dx_1}}{\mathbf{dt}} \\ \dfrac{\mathbf{dx_2}}{\mathbf{dt}} \\ \dfrac{\mathbf{dx_3}}{\mathbf{dt}} \end{pmatrix} = \begin{pmatrix} \mathbf{U_{L1}\big(t, x_1(t_0), x_2(t_0), x_3(t_0)\big)} \\ \mathbf{U_{L2}\big(t, x_1(t_0), x_2(t_0), x_3(t_0)\big)} \\ \mathbf{U_{L3}\big(t, x_1(t_0), x_2(t_0), x_3(t_0)\big)} \end{pmatrix},$$

Remarques

$\overrightarrow{\mathbf{U_L(M)}}(\mathbf{t})$ Dépend des variables de Lagrange $\mathbf{t, x_1(t_0), x_2(t_0), x_3(t_0)}$

$\overrightarrow{\mathbf{U_L(M)}}(\mathbf{t})$ est toujours tangentiel à la trajectoire et dirigé dans le sens du mouvement.

3.1.5 Vecteur accélération lagrangienne

Le vecteur accélération lagrangienne $\overrightarrow{\boldsymbol{\gamma}_L}$ de la particule-fluide **M** est obtenu par dérivation du vecteur vitesse lagrangienne de la particule-fluide **M** par rapport au temps **t** :

$$\overrightarrow{\boldsymbol{\gamma}_L} = \frac{\mathbf{d}\overrightarrow{\mathbf{U}_L}}{\mathbf{dt}}$$

3.1.6 Variables de Lagrange

La description lagrangienne du mouvement du fluide se concentre sur le suivi de chaque particule de fluide individuellement. Pour cela, on a besoin de deux types d'informations : les coordonnées du vecteur position des particules-fluides, à l'instant initial $\mathbf{x_1(t_0)}$; $\mathbf{x_2(t_0)}$ **et** $\mathbf{x_3(t_0)}$ pour identifier de manière unique chaque particule de fluide et le temps **t** qui permet de suivre l'évolution de la position de chaque particule au fil du temps. Les variables de Lagrange sont les coordonnées du vecteur position des particules-fluides à l'instant initial $\mathbf{x_1(t_0)}$; $\mathbf{x_2(t_0)}$, $\mathbf{x_3(t_0)}$ et le temps **t**.

Exemple 1

Dans un repère orthonormé direct $\mathbf{R(O, x_1, x_2, x_3)}$, les équations paramétriques du mouvement d'un ensemble de particules-fluides de positions initiales $\{\mathbf{x_1(t_0), x_2(t_0), x_3(t_0)}\}$ sont :

$$\mathbf{x_1(t) = (1 + t^2)\, x_1(t_0)}$$

$$\mathbf{x_2(t) = x_2(t_0)}$$

$$\mathbf{x_3(t) = 0}$$

Détermination des trajectoires du mouvement de ces particules-fluides :

$$\mathbf{x_3(t) = 0} \quad \rightarrow \textbf{Mvt dans le plan } \mathbf{(O, x_1, x_2)}$$

$$\mathbf{x_2(t) = x_2(t_0) = cst} \rightarrow \textbf{Mvt suivant } \mathbf{x_1} \textbf{ seulement}$$

$$\mathbf{x_1(t) = (1 + t^2) x_1(t_0)}$$

C'est un mouvement suivant l'axe $\overrightarrow{\mathbf{ox_1}}$

Les trajectoires des particules-fluides sont des droites parallèles à l'axe $\overrightarrow{\mathbf{ox_1}}$ qui passent par les points (0, $\mathbf{x_2(t_0)}$).

Détermination de la vitesse lagrangienne et de l'accélération lagrangienne de ces particules-fluides :

$$\overrightarrow{\mathbf{U_L}} = \frac{\mathbf{d\overrightarrow{OM}}}{\mathbf{dt}} = \begin{pmatrix} \mathbf{2.t.x_1(t_0)} \\ \mathbf{0} \\ \mathbf{0} \end{pmatrix}$$

$$\overrightarrow{\boldsymbol{\gamma}_\mathbf{L}} = \frac{\mathbf{d\overrightarrow{U_L}}}{\mathbf{dt}} = \begin{pmatrix} \mathbf{2.x_1(t_0)} \\ \mathbf{0} \\ \mathbf{0} \end{pmatrix}$$

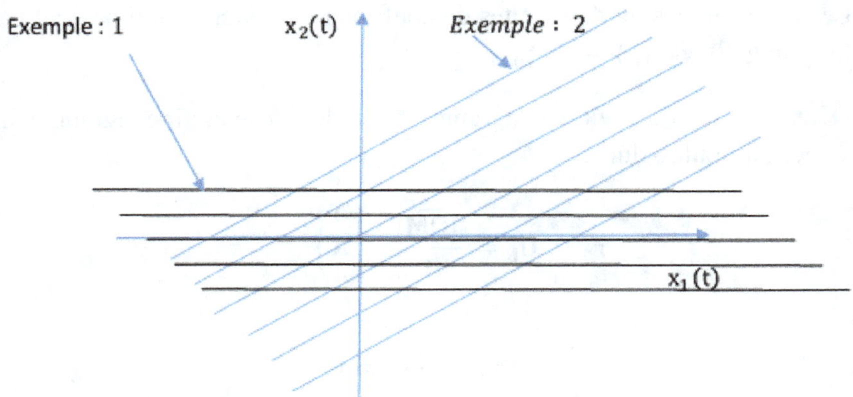

Figure 21 : Trajectoires des particules-fluides

Exemple 2

Dans un repère orthonormé direct $(\mathbf{0, x_1, x_2, x_3})$, les équations paramétriques du mouvement d'un ensemble de particules-fluides de positions initiales $\{\mathbf{x_1(t_0), x_2(t_0), x_3(t_0)}\}$ sont :

$$\mathbf{x_1(t) = at + x_1(t_0)}$$

$$\mathbf{x_2(t) = at + x_2(t_0)}$$

$$\mathbf{x_3(t) = 0}$$

Détermination des trajectoires du mouvement de ces particules-fluides :

$$\mathbf{x_3(t) = 0 \quad \rightarrow Mvt\ dans\ le\ plan\ (O, x_1, x_2)}$$

$$\mathbf{x_1(t) = at + x_1(t_0)}$$

$$\mathbf{x_2(t) = at + x_2(t_0)}$$

Mouvement dans le plan $(\mathbf{O}, \mathbf{x_1}, \mathbf{x_2})$.

L'équation de la trajectoire :

$$\mathbf{x_2(t) = x_1(t) + x_2(t_0) - x_1(t_0)}$$

Les trajectoires sont des droites de coefficient directeur 1 qui passent par les points $(0, \mathbf{x_2(t_0)} - \mathbf{x_1(t_0)})$.

Détermination de la vitesse lagrangienne et de l'accélération lagrangienne de ces particules-fluides :

$$\overrightarrow{\mathbf{U_L}} = \frac{\mathbf{d\overrightarrow{OM}}}{\mathbf{dt}} = \begin{pmatrix} \mathbf{a} \\ \mathbf{a} \\ \mathbf{0} \end{pmatrix}$$

$$\overrightarrow{\boldsymbol{\gamma_L}} = \frac{\mathbf{d\overrightarrow{U_L}}}{\mathbf{dt}} = \vec{\mathbf{0}}$$

Remarque

Expérimentalement, il est possible de suivre le mouvement d'une particule-fluide au cours du temps en injectant une fine particule d'aluminium (pour un liquide) ou de fumée (pour un gaz). Dans le cas spécifique d'un liquide, une particule colorée peut également être utilisée.

3.2 Description d'Euler du fluide

3.2.1 Principe de la description d'Euler

La description d'Euler du fluide consiste à visualiser, observer et analyser, au cours du temps, l'écoulement dans un domaine fixe. Selon l'approche d'Euler, on commence par définir un domaine fluide (domaine d'étude), puis on observe le champ de vitesse, le champ de pression, le champ d'accélération et les lignes de courant dans tout le domaine fluide au fil du temps. Cette description est utilisée par exemple, pour présenter les prévisions météorologiques (température et pression atmosphérique).

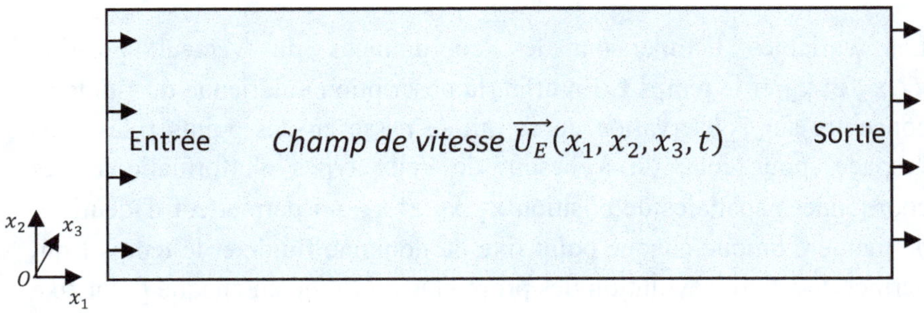

Figure 22 : Champ de vitesse eulérienne d'un écoulement dans une conduite rectangulaire

3.2.2 Domaine fluide

Le domaine fluide, noté $\boldsymbol{\omega}$, est l'espace fluide étudié, dans notre exemple (Figure 22), le domaine fluide est défini par :

$$\boldsymbol{\omega = (\ 0 \leq x_1 \leq l\ \ ;\ 0 \leq x_2 \leq h\ \ ;\ \ 0\ \leq x_3 \leq L)}$$

l, h et L : la longueur, la hauteur et la largeur de la conduite

Dans notre exemple, le domaine fluide est délimité par les parois de la conduite, la section d'entrée de l'écoulement et la section de sortie de l'écoulement (domaine en bleu).

3.2.3 Vitesse eulérienne du fluide

La vitesse eulérienne dans tout le domaine fluide sera déterminée par un champ vectoriel de vitesse $\mathbf{\overrightarrow{U_E}(x_1, x_2, x_3, t)}$ qui dépend de la position $(\mathbf{x_1, x_2, x_3})$ dans l'espace et du temps t :

$$\begin{aligned} \mathbf{\overrightarrow{U_E}(x_1, x_2, x_3, t)} &= \begin{pmatrix} \mathbf{U_1(x_1, x_2, x_3, t)} \\ \mathbf{U_2(x_1, x_2, x_3, t)} \\ \mathbf{U_3(x_1, x_2, x_3, t)} \end{pmatrix}_{(\overrightarrow{\mathbf{x_1}}, \overrightarrow{\mathbf{x_2}}, \overrightarrow{\mathbf{x_3}})} \\ &= \mathbf{U_1(x_1, x_2, x_3, t)\overrightarrow{x_1} + U_2(x_1, x_2, x_3, t)\overrightarrow{x_2}} \\ &\quad \mathbf{+\ U_3(x_1, x_2, x_3, t)\overrightarrow{x_3}} \end{aligned}$$

Ce champ de vitesse est appelé champ de vitesse eulérienne de l'écoulement.

3.2.4 Variables d'Euler

Les variables d'Euler sont les coordonnées du vecteur position $\mathbf{x_1}, \mathbf{x_2}$ **et** $\mathbf{x_3}$ et le temps $\mathbf{t}$. En effet, la description eulérienne du fluide se concentre sur l'observation de ce qui se passe en des points fixes dans l'espace, pour cela, on a besoin de deux types d'informations : les coordonnées spatiales de position $\mathbf{x_1}, \mathbf{x_2}$ **et** $\mathbf{x_3}$ qui permettent d'identifier de manière unique chaque point fixe du domaine fluide et le temps $\mathbf{t}$ qui permet de suivre l'évolution des propriétés du fluide en chaque point fixe du domaine fluide au fil du temps.
Par exemple $\overrightarrow{\mathbf{U_E}}(\mathbf{x_1} = \mathbf{a}, \mathbf{x_2} = \mathbf{b}, \mathbf{x_3} = \mathbf{c}, \mathbf{t} = \mathbf{d})$, c'est la vitesse de la particule-fluide qui passe par le point de coordonnées $(\mathbf{a}, \mathbf{b}, \mathbf{c})$ à l'instant $\mathbf{d}$.

Contrairement à la description lagrangienne qui suit chaque particule individuelle, la description d'Euler se concentre sur les propriétés du fluide en des points fixes de l'espace à différents instants. Cette approche s'avère particulièrement adaptée à la nature continue des fluides, permettant d'analyser le champ de vitesse et les pressions de manière efficace et de modéliser les écoulements complexes rencontrés dans de nombreux phénomènes physiques et applications techniques. En mécanique des fluides, la description eulérienne est la plus utilisée pour étudier les écoulements des fluides. Par exemple, elle est utilisée pour analyser les prévisions météorologiques, pour déterminer les forces aérodynamiques appliquées sur une aile d'avion ou pour déterminer les pressions et les débits dans un réseau d'alimentation en eau potable.

3.3 Classification des écoulements fluides en description eulérienne

Les écoulements de fluides peuvent être très variés et complexes, pour les comprendre et les analyser, il est crucial de les classer en différents types en fonction du champ de vitesses eulérienne qui caractérise l'écoulement.

3.3.1 Ecoulement stationnaire

Si le champ de vitesse eulérienne $\overrightarrow{\mathbf{U_E}}(\mathbf{x_1}, \mathbf{x_2}, \mathbf{x_3}, \mathbf{t})$ de l'écoulement ne dépend pas du temps, l'écoulement est stationnaire (permanent) :

$$\frac{\partial \overrightarrow{\mathbf{U_E}}(\mathbf{x_1}, \mathbf{x_2}, \mathbf{x_3}, \mathbf{t})}{\partial \mathbf{t}} = \mathbf{0}$$

Un écoulement stationnaire se caractérise par l'absence de variation des trajectoires et des vitesses au fil du temps, conservant ainsi sa forme initiale. En régime stationnaire, les particules-fluides suivent des trajectoires fixes qui coïncident avec les lignes de courant.

3.3.2 Ecoulement instationnaire

Si le champ de vitesse eulérienne $\overrightarrow{\mathbf{U_E}}(\mathbf{x_1}, \mathbf{x_2}, \mathbf{x_3}, \mathbf{t})$ de l'écoulement dépend du temps, l'écoulement est instationnaire (non-permanent).

$$\frac{\partial \overrightarrow{\mathbf{U_E}}(\mathbf{x_1}, \mathbf{x_2}, \mathbf{x_3}, \mathbf{t})}{\partial \mathbf{t}} \neq \mathbf{0}$$

Dans le cas d'un écoulement instationnaire, les caractéristiques de l'écoulement varient avec le temps. Cela signifie que les trajectoires des particules de fluides, leurs vitesses, et la forme de l'écoulement peuvent changer au fil du temps.

Dans un régime instationnaire, les particules-fluides changent de trajectoire au cours du temps.

3.3.3 Ecoulement unidimensionnel

Un écoulement unidimensionnel est un écoulement qui suit une seule direction et un seul sens, c'est-à-dire les vecteurs du champ de vitesse ont la même direction et le même sens. En réalité, un écoulement parfaitement unidimensionnel est une idéalisation. On parle d'écoulement unidimensionnel lorsque les variations des propriétés de l'écoulement dans les directions transversales sont négligeables par rapport à la direction principale de l'écoulement.

3.3.4 Ecoulement uniforme

Si le champ de vitesse eulérienne $\overrightarrow{\mathbf{U_E}}(\mathbf{x_1}, \mathbf{x_2}, \mathbf{x_3}, \mathbf{t})$ de l'écoulement est constant dans l'espace à un instant donné $\mathbf{t}$, l'écoulement est uniforme :

$$\frac{\partial \overrightarrow{\mathbf{U_E}}(\mathbf{x_1}, \mathbf{x_2}, \mathbf{x_3}, \mathbf{t})}{\partial \mathbf{x_1}} = \frac{\partial \overrightarrow{\mathbf{U_E}}(\mathbf{x_1}, \mathbf{x_2}, \mathbf{x_3}, \mathbf{t})}{\partial \mathbf{x_2}} = \frac{\partial \overrightarrow{\mathbf{U_E}}(\mathbf{x_1}, \mathbf{x_2}, \mathbf{x_3}, \mathbf{t})}{\partial \mathbf{x_3}} = \mathbf{0}$$

3.3.5 Ecoulement irrotationnel, rotationnel

Si le rotationnel du champ de vitesse eulérienne de l'écoulement est nul, alors l'écoulement est dit irrotationnel ou potentiel :

$$\overrightarrow{\mathbf{rot}}\left(\overrightarrow{\mathbf{U_E}}(\mathbf{x_1}, \mathbf{x_2}, \mathbf{x_3}, \mathbf{t})\right) = \vec{\mathbf{0}}$$

Un écoulement irrotationnel se caractérise par l'absence de rotation des particules de fluide autour de leur propre axe de la même manière qu'un solide (les éléments fluides ne subissent pas de rotation nette), ce qui signifie que le fluide ne présente pas de mouvement de rotation similaire à celui d'un corps solide.

Si l'écoulement est irrotationnel, le champ de vitesse $\overrightarrow{\mathbf{U_E}}(\mathbf{x_1}, \mathbf{x_2}, \mathbf{x_3}, \mathbf{t})$ dérive d'un potentiel, c'est-à-dire il existe une fonction potentiel $\boldsymbol{\varphi}$ tel que :

$$\overrightarrow{\mathbf{U_E}}(\mathbf{x_1}, \mathbf{x_2}, \mathbf{x_3}, \mathbf{t}) = \overrightarrow{\mathbf{grand}}\,\boldsymbol{\varphi}$$

$\boldsymbol{\varphi}$: potentiel du champ de vitesse.

Si le rotationnel du champ de vitesse est non nul, alors il existe une rotation des particule-fluides semblable à la rotation d'un solide autour d'un axe, cette rotation est appelée tourbillon et est quantifiée par le vecteur tourbillons $\overrightarrow{\boldsymbol{\Omega}}$:

$$\overrightarrow{\mathbf{rot}}\left(\overrightarrow{\mathbf{U_E}}(\mathbf{x_1}, \mathbf{x_2}, \mathbf{x_3}, \mathbf{t})\right) \neq \vec{\mathbf{0}}$$

$$\overrightarrow{\boldsymbol{\Omega}} = \overrightarrow{\mathbf{rot}}\left(\overrightarrow{\mathbf{U_E}}(\mathbf{x_1}, \mathbf{x_2}, \mathbf{x_3}, \mathbf{t})\right)$$

Dans le cas où le rotationnel du vecteur de vitesse est non nul en moins en un endroit, on parle d'écoulement rotationnel ou tourbillonnaire.

3.3.6 Ecoulement turbulent

La majorité des écoulements observés dans la nature, comme le vent et les avalanches de neige, ou les écoulements rencontrés dans les applications technologiques, comme l'écoulement d'air autour des obstacles ou les écoulements dans les conduites, sont des écoulements turbulents.

Lors du mouvement de fluide, des instabilités hydrodynamiques se développent et s'amplifient en engendrant des tourbillons de différentes tailles dans l'écoulement, ce qui fait perdre à l'écoulement son caractère déterministe et régulier et rend l'écoulement turbulent. En effet, lorsqu'un fluide est en mouvement de petites perturbations peuvent être induites par les irrégularités des parois ou le cisaillement des couches adjacentes de vitesses différentes. Dans la majorité des cas, ces perturbations (instabilités hydrodynamiques) ne sont pas amorties, par contre croissent et s'amplifient et se manifeste par un la formation d'une multitude de tourbillons différentes tailles. La présence de cette variété d'échelle de tourbillons qui interagissent entre eux rendent l'écoulement turbulent.

Le régime d'écoulement turbulent présente les propriétés suivantes (absentes dans le régime laminaire) :

1- Imprévisibles et chaotiques : deux réalisations avec les mêmes conditions initiales et aux limites donnent des résultats différents. Dans un écoulement laminaire (non turbulent), si vous connaissez les conditions initiales et les forces appliquées, vous pouvez en principe prédire précisément l'évolution de l'écoulement à tout instant futur. En revanche, dans un écoulement turbulent, en raison de la nature chaotique des instabilités et des interactions entre les tourbillons, il devient extrêmement difficile, voire impossible, de prédire précisément le comportement du fluide dans le temps et l'espace. De petites variations initiales peuvent conduire à des évolutions très différentes.

2- Désordonnés et aléatoires : un écoulement laminaire est caractérisé par des lignes de courant bien définies et un mouvement ordonné des particules fluides. L'écoulement turbulent, au contraire, est caractérisé par des fluctuations aléatoires et importantes de la vitesse, de la pression. Le mouvement des particules devient désordonné. Les mesures de vitesse ou de pression témoignent ce désordre.

3- Présence d'une large gamme d'échelle spatiotemporelle du mouvement : Existence d'une grande variété de taille de mouvement.

4- Très rotationnels : existence d'une grande variété de tourbillon.

5- Très dissipatifs : forte intensité du frottement entre les particules-fluides.

6- Fort diffusifs : les mouvements turbulents favorisent la diffusion.

7- Intermittents : pendant la phase de transitions laminaire-turbulent, la turbulence apparait et disparait soudainement.

8- Très sensibles aux conditions aux limites et initiales : une toute petite modification des conditions aux limites ou initiales provoque un changement énorme dans l'écoulement.

La théorie des instabilités s'occupe de l'explication des mécanismes de naissance et de développement de la turbulence, cette théorie interprète ce caractère chaotique de la turbulence qui apparait soudainement comme une évolution logique d'une instabilité du régime laminaire vers le régime turbulent.

Le nombre de Reynolds est un nombre sans dimension, il représente le rapport entre la force d'advection (déstabilisatrice) et la force de viscosité (stabilisatrice), il sert comme indice d'apparition ou de disparition de la turbulence dans les écoulements : Au-dessous d'un seuil, les petites perturbations qui peuvent prendre naissance dans le fluide s'atténuent et disparaissent, alors qu'au-dessus de ce seuil, elles s'amplifient et interagissent pour donner plusieurs tourbillons de différentes tailles, le nombre de Reynolds est donné par :

$$\mathbf{Re} = \frac{\mathbf{U.L}}{\boldsymbol{\vartheta}}$$

U : Echelle de vitesse de l'écoulement

L : Echelle de longueur de l'écoulement

$\boldsymbol{\vartheta}$: Viscosité cinématique du fluide

3.3.7 Exemples

$\overrightarrow{\mathbf{U_E}}(\mathbf{x_1}, \mathbf{x_2}, \mathbf{x_3}, \mathbf{t}) = \mathbf{x_2} \mathbf{e^t} \overrightarrow{\mathbf{x_3}}$: Ecoulement non-permanent, monodimensionnel, non uniforme.

$\overrightarrow{\mathbf{U_E}}(\mathbf{x_1}, \mathbf{x_2}, \mathbf{x_3}, \mathbf{t}) = \mathbf{a}\, \overrightarrow{\mathbf{x_2}} + \overrightarrow{\mathbf{x_3}}$: écoulement permanent monodimensionnel, uniforme.

$\overrightarrow{\mathbf{U_E}}(\mathbf{x_1}, \mathbf{x_2}, \mathbf{x_3}, \mathbf{t}) = \mathbf{cos}(\mathbf{x_2})\ \overrightarrow{\mathbf{x_2}} + \overrightarrow{\mathbf{x_3}}$: écoulement permanent, bidimensionnel, non-uniforme.

$\overrightarrow{\mathbf{U_E}}(\mathbf{x_1}, \mathbf{x_2}, \mathbf{x_3}, \mathbf{t}) = \overrightarrow{\mathbf{x_1}} + \mathbf{cos}(\mathbf{x_2})\ \overrightarrow{\mathbf{x_2}} + \overrightarrow{\mathbf{x_3}}$: écoulement permanent, tridimensionnel, non-uniforme.

3.3.8 Ecoulement autour d'un cylindre

La figure 23 montre l'évolution de l'écoulement bidimensionnelle autour d'un cylindre en fonction du nombre de Reynolds, en explorant différentes valeurs, et donc différentes vitesses d'entrée d'écoulement. Notons que le nombre de Reynolds est nombre adimensionnel qui caractérise l'apparition de la turbulence c'est la transformation d'un écoulement déterministe à un écoulement complètement chaotique et aléatoire, cette transition vers la turbulence se produit lorsqu'on augmente la vitesse d'entrée à cause de l'amplification des instabilités dynamiques.

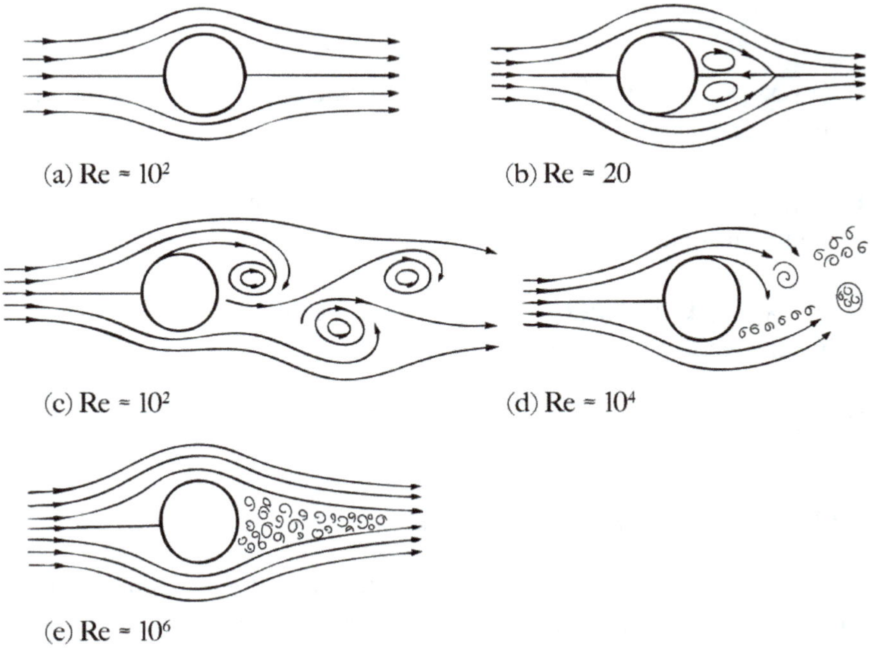

Figure 23 : Ecoulement autour d'un cylindre à vitesses d'entrées variables.

La vitesse d'entrée s'accroît de (a) jusqu'a (e).

La figure (a) : le régime de l'écoulement est laminaire, stationnaire est irrotationnel.

La figure (b) : le régime de l'écoulement est laminaire stationnaire est rotationnel.

Les figures (c) et (d) le régime de l'écoulement est instationnaire, et rotationnel, caractérisé par des zones de turbulence et des tourbillons lâchés du sillage de l'écoulement appelés les allées de Von karman.

La figure (e) l'écoulement devient pleinement turbulent.

4 Lignes de courant

4.1 Rappel mathématique

Pour simplifier les définitions, on considère le cas bidimensionnel (2 dimensions $\mathbf{x_1}$ **et** $\mathbf{x_2}$) seulement.

4.1.1 Définition d'une courbe

Une courbe **C** définie la fonction $\mathbf{F(x_1, x_2) = 0}$ est un ensemble de points **M** de coordonnées $\mathbf{x_1}$ **et** $\mathbf{x_2}$ qui vérifient la fonction $\mathbf{F(x_1, x_2) = 0}$.

Exemples :

La courbe **C** définie par $\mathbf{F(x_1, x_2) = x_1 - x_2 = 0}$ est une droite de coefficient directeur 1, qui passe par le centre O.

La courbe **C** définie par $\mathbf{F(x_1, x_2) = x_1{}^2 + x_2{}^2 - R^2 = 0}$ est un cercle ce centre (0,0) et de rayon R.

4.1.2 Théorème

Soit la courbe **C** définie par la fonction $\mathbf{F(x_1, x_2) = 0}$, alors la différentiel de $\mathbf{F(x_1, x_2)}$ est nulle. (Voir, Paragraphe Différentielle et dérivée)

$$\mathbf{dF(x_1, x_2) = 0}$$

Exemples :

La courbe **C** définie par :

$$\mathbf{F(x_1, x_2) = x_1 - x_2 = 0}$$

$$\mathbf{dF(x_1, x_2) = dx_1 - dx_2 = 0}$$

$$\mathbf{dx_1 = dx_2}$$

La courbe **C** définie par :

$$\mathbf{F(x_1, x_2) = x_1{}^2 + x_2{}^2 - R^2 = 0}$$

$$\mathbf{dF(x_1, x_2) = 2x_1 dx_1 + 2x_2 dx_2 = 0}$$

$$\mathbf{x_1 dx_1 + x_2 dx_2 = 0}$$

$$\mathbf{\frac{dx_1}{dx_2} = -\frac{x_2}{x_1}}$$

4.1.3 Vecteur élémentaire de déplacement d'une courbe

Soit une courbe $\mathbf{C}$ définie par $\mathbf{F(x_1, x_2) = 0}$, le vecteur $\overrightarrow{\mathbf{dM}}$ de coordonnées $\mathbf{dx_1}$ **et** $\mathbf{dx_2}$ qui vérifient $\mathbf{dF(x_1, x_2) = 0}$, est le vecteur élémentaire de déplacement de la courbe $\mathbf{C}$.

Remarques

Le vecteur élémentaire de déplacement d'une courbe **C** décrite par un point **M** en mouvement est le vecteur de déplacement élémentaire du point **M**.

Le vecteur élémentaire de déplacement d'une courbe **C** est tangentiel à cette courbe en chacun de ses points **M**.

Exemples

Courbe **C** définie par :

$$\mathbf{F(x_1, x_2) = 2.x_1 - x_2 = 0}$$

$$\mathbf{dF(x_1, x_2) = 2.dx_1 - dx_2 = 0}$$

Le vecteur élémentaire de déplacement :

$$\overrightarrow{\mathbf{dM}} = \begin{pmatrix} \mathbf{dx_1} \\ \mathbf{dx_2} \end{pmatrix} \ \text{avec} \ \mathbf{2.dx_1 = dx_2}$$

La courbe **C** définie par :

$$\mathbf{F(x_1, x_2) = x_1{}^2 + x_2{}^2 - R^2 = 0}$$

$$\mathbf{dF(x_1, x_2) = x_1 dx_1 + x_2 dx_2 = 0}$$

Le vecteur élémentaire de déplacement :

$$\overrightarrow{\mathbf{dM}} = \begin{pmatrix} \mathbf{dx_1} \\ \mathbf{dx_2} \end{pmatrix} \ \text{avec} \ \frac{\mathbf{dx_1}}{\mathbf{dx_2}} = -\frac{\mathbf{x_2}}{\mathbf{x_1}}$$

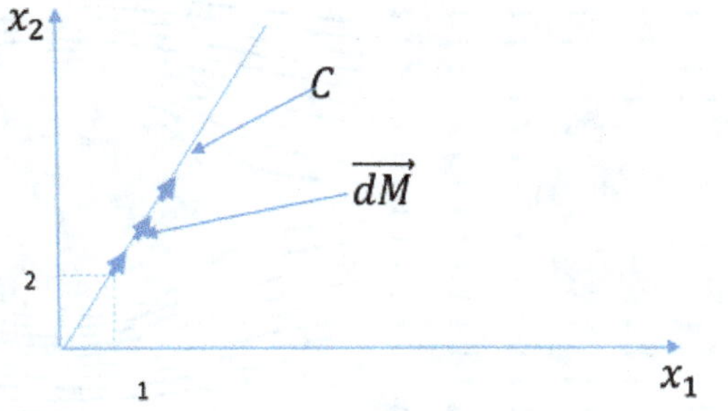

Figure 24 : Courbe rectiligne

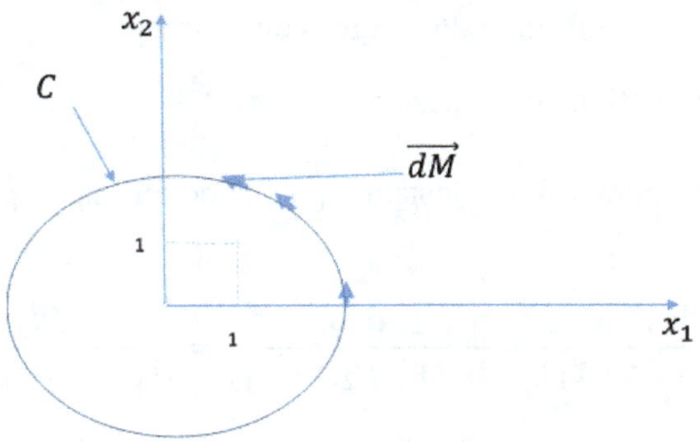

Figure 25 : Courbe circulaire

4.1.4 Définition des lignes de courant

Pour simplifier l'écriture dans ce qui suit, le champ de vitesse eulérienne $\overrightarrow{\mathbf{U_E}}(\mathbf{x_1}, \mathbf{x_2}, \mathbf{x_3}, \mathbf{t})$ sera désigné par $\vec{\mathbf{U}}(\mathbf{x_1}, \mathbf{x_2}, \mathbf{x_3}, \mathbf{t})$.

Les lignes de courant sont les courbes tangentes en chacun de leurs points au vecteur vitesse de l'écoulement en ce point.

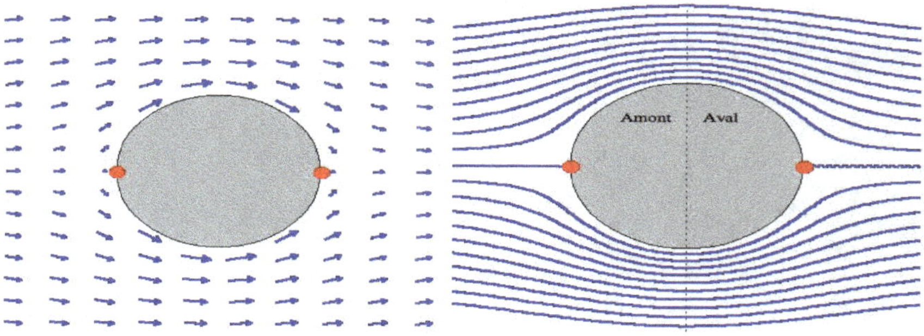

Champs de vitesse Lignes de courant

Figure 26 : Lignes de courant

4.1.5 Détermination des lignes de courant

Les lignes de courant à un instant $\mathbf{t_1}$ sont déterminées par l'équation suivante :

$$\frac{\mathbf{dx_1}}{\mathbf{U_1(x_1,x_2,x_3,t_1)}} = \frac{\mathbf{dx_2}}{\mathbf{U_2(x_1,x_2,x_3,t_1)}} = \frac{\mathbf{dx_3}}{\mathbf{U_3(x_1,x_2,x_3,t_1)}}$$

Démonstration

Soit $\overrightarrow{\mathbf{dM}}$ le vecteur élémentaire tangentiel à la ligne de courant au point M, alors $\overrightarrow{\mathbf{dM}} \parallel \vec{\mathbf{U}} \rightarrow \overrightarrow{\mathbf{dM}} \wedge \vec{\mathbf{U}} = \vec{\mathbf{0}}$ (car les lignes de courant sont tangentielles au vecteur vitesse) :

$$\begin{vmatrix} \mathbf{dx_1} & \mathbf{U_1} & \overrightarrow{\mathbf{x_1}} \\ \mathbf{dx_2} \wedge & \mathbf{U_2} & \overrightarrow{\mathbf{x_2}} \\ \mathbf{dx_3} & \mathbf{U_3} & \overrightarrow{\mathbf{x_3}} \end{vmatrix} = \begin{pmatrix} \mathbf{0} \\ \mathbf{0} \\ \mathbf{0} \end{pmatrix}$$

$$\frac{\mathbf{dx_1}}{\mathbf{U_1(x_1,x_2,x_3,t_1)}} = \frac{\mathbf{dx_2}}{\mathbf{U_2(x_1,x_2,x_3,t_1)}} = \frac{\mathbf{dx_3}}{\mathbf{U_3(x_1,x_2,x_3,t_1)}}$$

4.1.6 Remarques

Les lignes de courant changent à chaque instant si l'écoulement est instationnaire.

Les lignes de courant restent invariantes si l'écoulement est stationnaire.

Les lignes de courant et les trajectoires sont confondues si et seulement si l'écoulement est permanant (stationnaire).

4.1.7 Exemples

Exemple 1 :

$$\vec{U}(x_1, x_2, x_3, t) = \alpha\overrightarrow{x_1} = \begin{pmatrix} \alpha \\ 0 \\ 0 \end{pmatrix}$$

Les lignes de courant sont les droites parallèles à $\overrightarrow{x_1}$. L'écoulement est stationnaire les lignes de courant et les trajectoires sont confondues.

Exemple 2 :

$$\vec{U}(x_1, x_2, x_3, t) = \alpha\overrightarrow{x_1} + \beta\overrightarrow{x_2} = \begin{pmatrix} \alpha \\ \beta \\ 0 \end{pmatrix}$$

Les lignes de courant sont les droites parallèles au vecteur $\vec{x} = \alpha\overrightarrow{x_1} + \beta\overrightarrow{x_2}$. L'écoulement est stationnaire les lignes de courant et les trajectoires sont confondues.

4.1.8 Exercices

Déterminer les lignes de courant des écoulements définis par les champs de vitesse eulérien suivants :

Champ 1 :

$$\vec{U}(x_1, x_2, x_3, t) = -k.x_2.\overrightarrow{x_1} + k.x_1\overrightarrow{x_2}$$

Champ 2 :

$$\vec{U}(x_1, x_2, x_3, t) = k.x_1.\overrightarrow{x_1} - k.x_2\overrightarrow{x_2}$$

Solution

Champ1 : $\vec{U}(x_1, x_2, x_3, t) = -k.x_2.\overrightarrow{x_1} + k.x_1\overrightarrow{x_2}$

Ecoulement stationnaire non-uniforme bidimensionnel

$$\vec{U}(x_1, x_2, x_3, t) = -k.x_2.\overrightarrow{x_1} + k.x_1\overrightarrow{x_2}$$

$$\frac{dx_1}{-k.x_2} = \frac{dx_2}{k.x_1}$$

$$\mathbf{x_1 dx_1 + x_2 dx_2 = 0 \rightarrow dx_1{}^2 + dx_2{}^2 = 0 \rightarrow d\left(x_1{}^2 + x_2{}^2\right) = 0}$$

$$\mathbf{x_1{}^2 + x_2{}^2 = c}$$

Les lignes de courant sont des cercles de centre (0,0) et de carré de rayon égal à c.

Champ 2 : $\vec{\mathbf{U}}(\mathbf{x_1, x_2, x_3, t}) = \mathbf{k.\,x_1.\,\overrightarrow{x_1} - k.\,x_2\overrightarrow{x_2}}$

Ecoulement stationnaire, non-uniforme et bidimensionnel

$$\mathbf{\frac{dx_1}{k.\,x_1} = \frac{dx_2}{-k.\,x_2}}$$

$$\mathbf{x_2 dx_1 + x_1 dx_2 = 0}$$

$$\mathbf{d(x_1.\,x_2) = 0}$$

$$\mathbf{x_1.\,x_2 = c}$$

Les lignes de courant sont des hyperboles.

5 Débit

5.1 Définition du débit massique

Considérons un écoulement qui traverse une surface S (Figure 28), le débit massique moyen $\langle \mathbf{Qm} \rangle$ à travers cette surface est la quantité de masse qui traverse cette surface par unité du temps, autrement dit, c'est le rapport entre la quantité de masse $\mathbf{\Delta m}$ qui traverse S pendant un temps $\mathbf{dt}$ et le temps $\mathbf{\Delta t}$:

$$\mathbf{\langle Qm \rangle = \frac{\Delta m}{\Delta t}}$$

$\mathbf{\Delta m}$: La masse qui traverse S pendant un temps $\mathbf{\Delta t}$.

Le débit massique instantané $\mathbf{Qm}$ à travers la surface S est la limite du débit massique moyen $\langle \mathbf{Qm} \rangle$ lorsque l'intervalle de temps $\mathbf{\Delta t}$ tend vers zéro $(\mathbf{\Delta t \rightarrow 0})$:

$$\mathbf{Qm = \lim_{\Delta t \rightarrow 0} \frac{\Delta m}{\Delta t} = \frac{dm}{dt}}$$

5.2 Exemple

Soit 40 étudiant qui ont traversé une surface S pendant 20 s, alors le débit moyen des étudiants $\langle \mathbf{Qe} \rangle$ à travers la surface S est :

$$\langle \mathbf{Qe} \rangle = \frac{\Delta \mathbf{n}}{\Delta \mathbf{t}} = \frac{\mathbf{40}}{\mathbf{20}} = \mathbf{2\ E/s}$$

$\Delta \mathbf{n}$: Nombre d'étudiants qui ont traversé la surface S pendant 20 s

Si on considère que la masse moyenne d'un étudiant est $\mathbf{m = 70\ Kg}$ alors le débit massique moyen des étudiants à travers la surface S est :

$$\langle \mathbf{Qm} \rangle = \mathbf{m}.\langle \mathbf{Qe} \rangle = \mathbf{m}\frac{\Delta \mathbf{n}}{\Delta \mathbf{t}} = \mathbf{140\ Kg/s}$$

L'unité du débit massique dans le Système International d'Unités (SI) est le $(\mathbf{Kg/s})$, c'est le rapport entre l'unité de masse $\mathbf{Kg}$ et l'unité du temps $\mathbf{s}$.

5.3 Définition du débit volumique

Il est important de souligner que l'on peut alternativement exprimer le passage à travers la surface S en termes de volume plutôt que la masse. Le débit volumique moyen $\langle \mathbf{Qv} \rangle$ est le volume $\Delta \mathbf{V}$ qui traverse la surface S par unité du temps $\Delta \mathbf{t}$:

$$\langle \mathbf{Qv} \rangle = \frac{\Delta \mathbf{V}}{\Delta \mathbf{t}}$$

L'unité du débit volumique dans le Système International d'Unités (SI) est : $(\mathbf{m^3/s})$, c'est le rapport entre l'unité de volume $\mathbf{m^3}$ et l'unité du temps $\mathbf{s}$.

Le débit volumique instantané $\mathbf{Qv}$ à travers la surface S est la limite du débit volumique moyen $\langle \mathbf{Qv} \rangle$ lorsque l'intervalle de temps $\Delta \mathbf{t}$ tend vers zéro $(\Delta \mathbf{t} \to \mathbf{0})$:

$$\mathbf{Qv} = \lim_{\Delta t \to 0} \frac{\Delta \mathbf{V}}{\Delta \mathbf{t}} = \frac{\mathbf{dV}}{\mathbf{dt}}$$

5.4 Débit massique d'un écoulement uniforme

5.4.1 Surface plane perpendiculaire à la direction de l'écoulement

Considérons un écoulement uniforme d'un fluide incompressible $\boldsymbol{\rho = cst}$ dans une conduite rectangulaire, à vitesse constante $\vec{\mathbf{U}}(\mathbf{x_1}, \mathbf{x_2}, \mathbf{x_3}, \mathbf{t}) = \mathbf{U_1}\overrightarrow{\mathbf{x_1}}$ **avec** $\mathbf{U_1} = \mathbf{cst}$ et considérons une surface **S** perpendiculaire à la direction de l'écoulement. (Une section de la conduite).

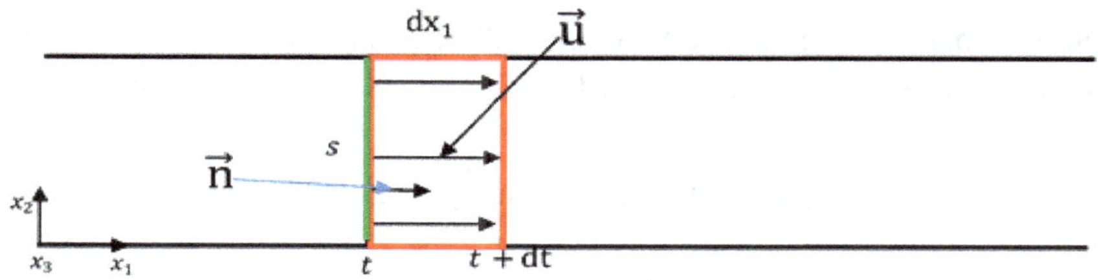

Figure 27 : Ecoulement uniforme à travers une surface plane perpendiculaire à la direction de l'écoulement

Vecteur $\vec{\mathbf{n}}$ normal unitaire sortant à la surface S :

$$\vec{\mathbf{n}} = \begin{pmatrix} \mathbf{1} \\ \mathbf{0} \\ \mathbf{0} \end{pmatrix}$$

Champ de vitesse au niveau de la surface S :

$$\vec{\mathbf{U}} = \begin{pmatrix} \mathbf{U_1} \\ \mathbf{0} \\ \mathbf{0} \end{pmatrix}$$

Déplacements (trajectoires) des particules-fluides au niveau de la surface S :

$$\vec{\mathbf{U}} = \frac{\mathbf{d}\overrightarrow{\mathbf{OM}}}{\mathbf{dt}}$$

$$\begin{pmatrix} \mathbf{U_1} \\ \mathbf{0} \\ \mathbf{0} \end{pmatrix} = \begin{pmatrix} \frac{\mathbf{dx_1}}{\mathbf{dt}} \\ \frac{\mathbf{dx_2}}{\mathbf{dt}} \\ \frac{\mathbf{dx_3}}{\mathbf{dt}} \end{pmatrix}$$

Au niveau de la surface S, les déplacements sont parallèles au champ de vitesse, c'est-à-dire parallèles à $\overrightarrow{\mathbf{x_1}}$.

$$\mathbf{U_1} = \frac{\mathbf{dx_1}}{\mathbf{dt}} \rightarrow \mathbf{dx_1} = \mathbf{U_1 dt}$$

Pendant un temps $\mathbf{dt}$ infiniment petit, les particules-fluides situées initialement à la surface S vont parcourir une distance $\mathbf{dx_1}$ tel que $\mathbf{dx_1} = \mathbf{U_1 dt}$.

La quantité de masse $\mathbf{dm}$ du fluide qui a traversé cette surface $\mathbf{S}$ pendant un intervalle du temps $\mathbf{dt}$ c'est la masse $\mathbf{m(v)}$ contenue dans le volume $\mathbf{v}$ entouré en rouge :

$$\mathbf{v = S.\,dx_1}$$

$$\mathbf{dm = m(v) = \rho.\,v = \rho.\,S.\,dx_1}$$

Le débit massique à travers cette surface **S** :

$$\mathbf{Qm} = \frac{\mathbf{dm}}{\mathbf{dt}} = \frac{\mathbf{m(v)}}{\mathbf{dt}} = \mathbf{\rho.\,S}\frac{\mathbf{dx_1}}{\mathbf{dt}} = \mathbf{\rho.\,Su_1}$$

5.4.2 Surface plane parallèle à la direction de l'écoulement

Considérons un écoulement uniforme d'un fluide incompressible $\boldsymbol{\rho} = \mathbf{cst}$ dans une conduite rectangulaire, à vitesse constante $\vec{\mathbf{U}}(\mathbf{x_1}, \mathbf{x_2}, \mathbf{x_3}, \mathbf{t}) = \mathbf{U_1}\overrightarrow{\mathbf{x_1}}$ **avec** $\mathbf{U_1} = \mathbf{cst}$, qui traverse une surface **S** parallèle à la direction de l'écoulement.

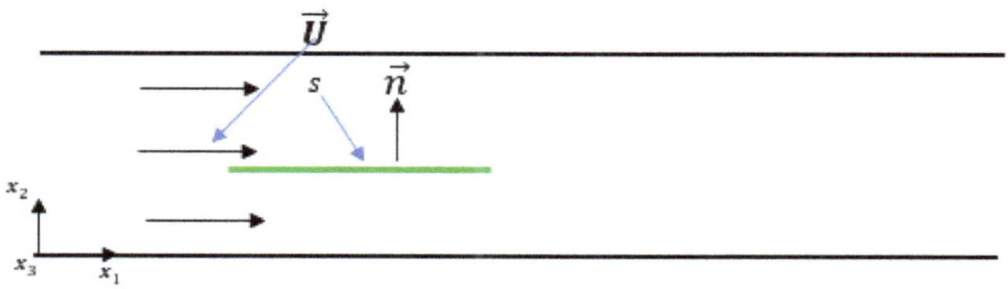

Figure 28 : Ecoulement uniforme à travers une surface plane parallèle à la direction de l'écoulement

Vecteur $\vec{\mathbf{n}}$ normal unitaire à la surface S :

$$\vec{\mathbf{n}} = \begin{pmatrix} \mathbf{0} \\ \mathbf{1} \\ \mathbf{0} \end{pmatrix}$$

La quantité de masse **dm** du fluide qui a traversé cette surface **S** pendant un intervalle du temps **dt** est nulle. t

$$\mathbf{Qm = 0}$$

La différence entre les deux cas réside dans la différence entre l'angle formé par le vecteur vitesse et la normale unitaire à la surface S :

Premier cas : débit maximal $\vec{\mathbf{u}} \parallel \vec{\mathbf{n}}$

Deuxième cas : débit nul $\vec{\mathbf{u}} \perp \vec{\mathbf{n}}$

5.4.3 Surface plane inclinée par rapport à la direction de l'écoulement (Cas 1)

Considérons un écoulement unidimensionnel d'un fluide incompressible $\boldsymbol{\rho = cst}$, à vitesse constante $\vec{\mathbf{U}}(\mathbf{x_1, x_2, x_3, t}) = \mathbf{U_1}\overrightarrow{\mathbf{x_1}} + \mathbf{U_2}\overrightarrow{\mathbf{x_2}}$ **avec** $\mathbf{U_1}$ **et** $\mathbf{U_2}$ sont des constantes, qui traverse une surface **S** inclinée par rapport à la direction de l'écoulement.

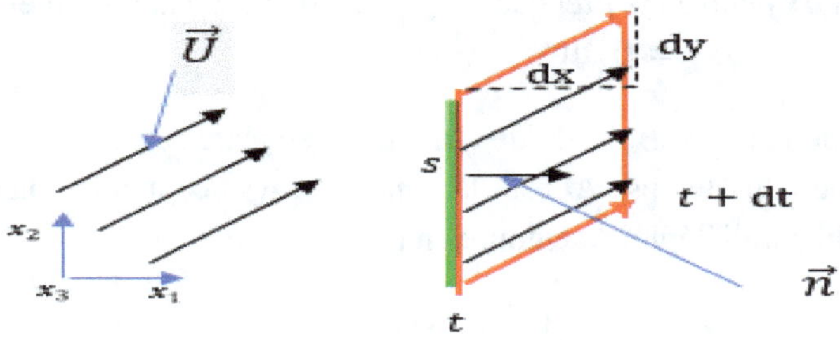

Figure 29 : Ecoulement uniforme à travers une surface plane inclinée par rapport à la direction de l'écoulement (Cas 1)

Vecteur $\vec{\mathbf{n}}$ normal unitaire à la surface S :

$$\vec{\mathbf{n}} = \begin{pmatrix} \mathbf{1} \\ \mathbf{0} \\ \mathbf{0} \end{pmatrix}$$

Champ de vitesse au niveau de la surface S :

Au niveau de la surface S, le champ de vitesse est uniforme :

$$\vec{\mathbf{U}} = \mathbf{U_1}\overrightarrow{\mathbf{x_1}} + \mathbf{U_2}\overrightarrow{\mathbf{x_2}} = \begin{pmatrix} \mathbf{U_1} \\ \mathbf{U_2} \\ \mathbf{0} \end{pmatrix}$$

Déplacements (trajectoires) des particules-fluides au niveau de la surface S :

$$\vec{\mathbf{U}} = \frac{\mathbf{d}\overrightarrow{\mathbf{OM}}}{\mathbf{dt}} \; ; \begin{pmatrix} \mathbf{U_1} \\ \mathbf{U_2} \\ \mathbf{0} \end{pmatrix} = \begin{pmatrix} \frac{\mathbf{dx_1}}{\mathbf{dt}} \\ \frac{\mathbf{dx_2}}{\mathbf{dt}} \\ \mathbf{0} \end{pmatrix}$$

$$\mathbf{U_1} = \frac{\mathbf{dx_1}}{\mathbf{dt}} \rightarrow \mathbf{dx_1} = \mathbf{U_1 dt}$$

$$\mathbf{U_2} = \frac{\mathbf{dx_2}}{\mathbf{dt}} \rightarrow \mathbf{dx_2} = \mathbf{U_2 dt}$$

Pendant un temps **dt** infiniment petit, les particules-fluides situées initialement à la surface S vont parcourir un déplacement composé d'un déplacement $\mathbf{dx_1}$ suivant $\mathbf{x_1}$ tel que $\mathbf{dx_1 = U_1 dt}$ et d'un déplacement $\mathbf{dx_2}$ suivant $\mathbf{x_2}$ tel que $\mathbf{dx_2 = U_2 dt}$.

La quantité de masse $\mathbf{\Delta m}$ du fluide qui a traversé cette surface **S** pendant un intervalle du temps $\mathbf{\Delta t}$ est la masse $\mathbf{m(v)}$ contenue dans le volume **v** du parallélépipède entouré en rouge.

$$\mathbf{v = S.\, dx_1}$$

$$\mathbf{dm = m(v) = \rho.\, v = \rho.\, S.\, dx_1}$$

Le débit massique à travers cette surface **S** :

$$\mathbf{Qm = \frac{dm}{dt} = \frac{m(v)}{dt} = \rho.\, S \frac{dx_1}{dt} = \rho.\, SU_1}$$

5.4.4 Surface plane inclinée par rapport à la direction de l'écoulement (Cas 2)

Considérons un écoulement unidimensionnel uniforme d'un fluide incompressible $\boldsymbol{\rho} = \mathbf{cst}$ dans une conduite rectangulaire, à vitesse constante $\mathbf{\vec{U}(x_1, x_2, x_3, t) = U_1 \vec{x_1}}$ **avec** $\mathbf{U_1 = cst}$, qui traverse une surface **S** inclinée par rapport à la direction de l'écoulement.

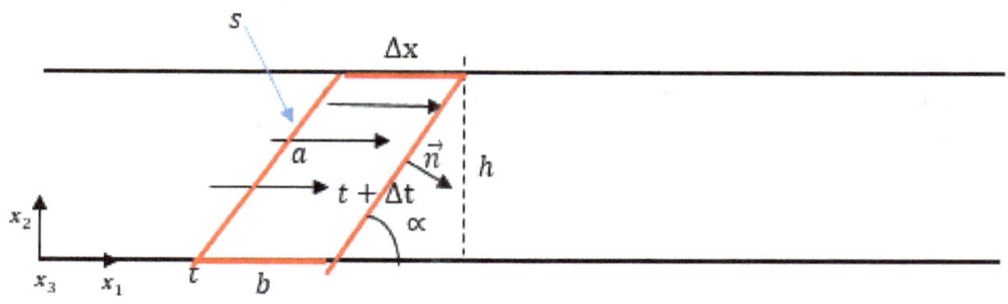

Figure 30 : Ecoulement uniforme à travers une surface plane inclinée par rapport à la direction de l'écoulement (Cas 2)

Vecteur $\vec{\mathbf{n}}$ normal unitaire à la surface S :

$$\vec{\mathbf{n}} = \begin{pmatrix} \sin\alpha \\ -\cos\alpha \\ 0 \end{pmatrix}$$

Déplacements (trajectoires) des particules-fluides au niveau de la surface S :

La quantité de masse **dm** du fluide qui a traversé cette surface **S** pendant un intervalle du temps **dt** est la masse $\mathbf{m(v)}$contenue dans le volume **v** du parallélépipède de cotés $\mathbf{a, b}$ **et** $\mathbf{dx_1}$.

a : la distance de la ligne inclinée, **b** : la largeur de la conduite

$$\mathbf{S = a.b}$$

Le volume du parallélépipède de cotés $\mathbf{a, b}$ **et** $\mathbf{dx_1}$ est égal au volume du parallélépipède rectangle de cotés $\mathbf{h, b}$ **et** $\mathbf{dx_1}$.

$$\mathbf{v = h.b.dx_1}$$

$$\mathbf{h = a.\sin\alpha}$$

$$\mathbf{v = a.b.\sin\alpha\,.\,dx_1 = S.\sin\alpha\,.\,dx_1}$$

$$\mathbf{dm = m(v) = \rho.v = \rho.S.\ \sin\alpha.dx_1}$$

Le débit massique à travers cette surface **S** :

$$\mathbf{Qm = \frac{dm}{dt} = \frac{m(v)}{dt} = \rho.S\sin\alpha\,.\frac{dx_1}{dt} = \rho.S.\sin\alpha\,.\,U_1}$$

A partir de ces quatre exemples, nous pouvons remarquer que l'angle formé par $\vec{\mathbf{U}}$ **et** $\vec{\mathbf{n}}$ influence le débit, si l'angle est nul le débit est maximal, si l'angle est perpendiculaire le débit est nul. Cette variation de débit en fonction de l'angle est évaluée par le produit scalaire de $\vec{\mathbf{U}}$ **et** $\vec{\mathbf{n}}$. En général, le débit d'un écoulement uniforme de champ de vitesse $\vec{\mathbf{U}}(\mathbf{x_1, x_2, x_3, t}) = \overrightarrow{\mathbf{cst}}$ à travers une surface plane de normale $\vec{\mathbf{n}}$ s'écrit comme suite :

$$\mathbf{Qm = \rho.S\,\vec{U}.\vec{n}}$$

5.5 Débit massique d'un écoulement non-uniforme à travers une surface plane perpendiculaire à la direction de l'écoulement

Considérons un écoulement unidimensionnel non-uniforme d'un fluide incompressible $\boldsymbol{\rho} = \mathbf{cst}$, qui traverse une surface **S** perpendiculaire à la direction de l'écoulement, le champ de vitesse de l'écoulement est donnée par :

$$\mathbf{\vec{U}(x_1, x_2, x_3, t) = x_2\overrightarrow{x_1}}$$

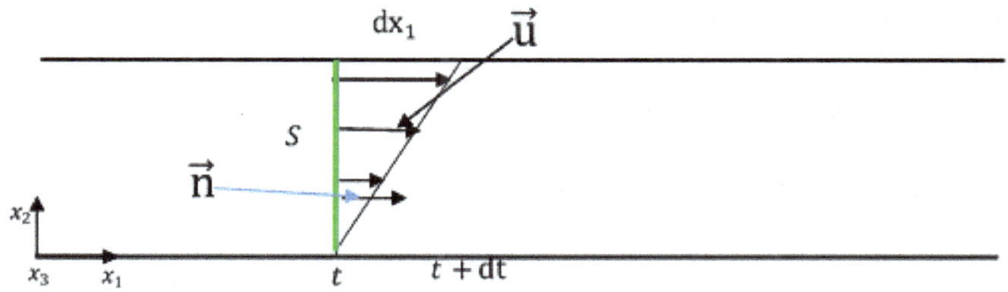

Figure 31 : Ecoulement non-uniforme à travers une surface plane perpendiculaire à la direction de l'écoulement

Pour calculer le débit, on découpe la surface **S** en élément de surface $\mathbf{dS_i}$ entourant des points $\mathbf{M_i}$ formants cette surface :

$$\mathbf{S = dS_1(M_1) \cup dS_2(M_2) \cup dS_3(M_3) \cup \ldots \ldots = \sum_{i=1}^{N} dS_i(M_i)}$$

Le débit massique à travers la surface **S** :

$$\mathbf{Qm = \sum_{i=1}^{N} Qm(dS_i)}$$

Le débit massique à travers chaque surface $\mathbf{dS_i(M_i)}$ est donné par :

$$\mathbf{Qm(dS_i) = \rho . dS_i . \vec{U}(M_i) . \vec{n}}$$

Donc :

$$\mathbf{Qm = \sum_{i=1}^{N} \rho . dS_i . \vec{U}(M_i) . \vec{n}}$$

En passant à une sommation continue, on obtient la relation générale de calcul du débit d'un écoulement de champ de vitesse à travers une surface **S** plane de normale unitaire sortante $\vec{\mathbf{n}}$:

$$\mathbf{Qm = \iint_S \rho \, \vec{U} . ds \, \vec{n}}$$

ds : Surface élémentaire de S

$\vec{\mathbf{n}}$: Normale unitaire sortant de la surface S

$\vec{\mathbf{U}}$: Champ de vitesse de l'écoulement

ρ : Masse volumique du fluide

5.6 Débit massique d'un écoulement à travers une surface quelconque

Considérons un écoulement unidimensionnel non-uniforme d'un fluide incompressible $\boldsymbol{\rho = cst}$ dans une conduite rectangulaire, qui traverse une surface **S** quelconque :

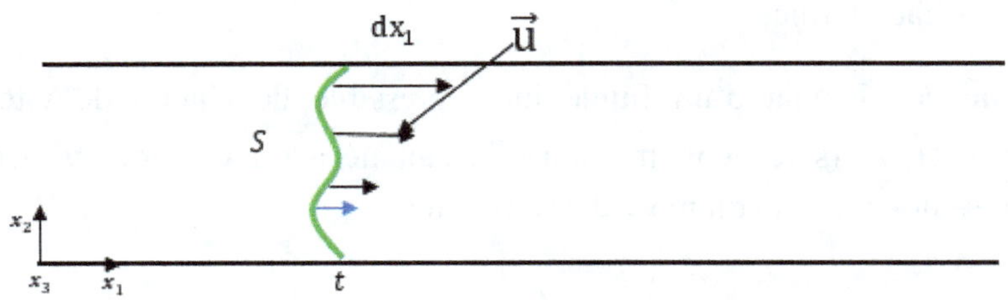

Figure 32 : Ecoulement à travers une surface quelconque

On découpe la surface **S** en élément de surface $\mathbf{dS_i}$ entourant des points $\mathbf{M_i}$:

$$\mathbf{S = dS_1(M_1) \cup dS_2(M_2) \cup dS_3(M_3) \cup \ldots\ldots = \sum_{i=1}^{N} dS_i(M_i)}$$

Le débit massique à travers la surface $\mathbf{dS_i(M_i)}$:

$$\mathbf{Qm(dS_i) = \rho.\, dS_i.\, \vec{U}(M_i).\, \vec{n_i}}$$

Le débit massique à travers la surface **S** :

$$\mathbf{Qm = \sum_{i=1}^{N} Qm(dS_i) = \sum_{i=1}^{N} \rho.\, dS_i.\, \vec{U}(M_i).\, \vec{n_i}}$$

En passant à une sommation continue :

$$\mathbf{Qm} = \iint_{S} \boldsymbol{\rho}\, \vec{\mathbf{U}}.\vec{\mathbf{n}}\, \mathbf{ds}$$

En général, dans un écoulement de champ de vitesse eulérienne $\vec{\mathbf{U}}$, le débit massique qui traverse une surface S de normale unitaire $\vec{\mathbf{n}}$ est égal à :

$$\mathbf{Qm} = \iint_{S} \boldsymbol{\rho}\, \vec{\mathbf{U}}.\vec{\mathbf{n}}\, \mathbf{ds}$$

5.7 Débit massique d'un écoulement incompressible à travers une surface fermée

Soit un écoulement d'un fluide incompressible de champ de vitesse eulérien $\vec{\mathbf{U}}$, alors le débit massique instantané à travers une surface **s** fermée entourant un volume **v** doit être nul :

$$\mathbf{Qm(v)} = \oiint_{s} \boldsymbol{\rho}.\vec{\mathbf{U}}.\vec{\mathbf{n}}\, \mathbf{ds} = \mathbf{0}$$

Le fluide est incompressible, pendant un temps **dt** infiniment petit, la masse entrante au volume **v** doit être égale à la masse sortante du volume **v** pour respecter la propriété d'incompressibilité, c'est-à-dire que le débit massique entrant au volume **v** est égal au débit massique sortant du volume **v** pour que la densité du volume **v** reste constante.

Comme la surface est fermée, nous utilisons le théorème de la divergence pour passer d'une intégrale de surface à une intégrale de volume :

$$\oiint_{s} \boldsymbol{\rho}\, \vec{\mathbf{U}}.\vec{\mathbf{n}}\, \mathbf{ds} = \iiint_{v} \mathbf{div}\left(\boldsymbol{\rho}\, \vec{\mathbf{U}}\right) \mathbf{dv} = \mathbf{0}$$

Nous obtenons finalement l'équation scalaire aux dérivées partielles de conservation de la masse d'un écoulement incompressible :

$$\iiint_{v} \mathbf{div}\left(\rho\, \vec{\mathbf{U}}\right)\mathbf{dv} = \mathbf{0}$$

$$\mathbf{div}(\vec{\mathbf{U}}) = \mathbf{0}$$

$$\frac{\partial(\mathbf{U_j})}{\partial \mathbf{x_j}} = \mathbf{0}$$

6 Utilité et intérêt en mécanique des fluides de la dérivée totale

En mécanique des fluides, il est souvent nécessaire de suivre l'évolution d'une propriété d'une particule de fluide en mouvement. L'évolution sera évaluée à partir d'une description eulérienne, en s'appuyant sur les champs de vitesse et de pression eulériens, ce qui mènera à la définition de la dérivée totale.

La dérivée totale appelée aussi particulaire, convective ou matérielle est l'outil mathématique qui nous permet de décrire cette évolution, en tenant compte à la fois des variations temporelles locales et des effets du déplacement de la particule.

Notre approche pour expliquer la dérivée particulaire consiste à commencer par un rappel des principes du calcul différentiel, suivi d'une analyse de son utilité dans les contextes mécaniques.

Nous adoptons la description eulérienne et nous examinons le mouvement d'une particule-fluide au sein d'un écoulement de champs de vitesse eulérienne $\vec{\mathbf{U}}(\mathbf{x_1}, \mathbf{x_2}, \mathbf{x_3}, \mathbf{t})$. Après un intervalle du temps $\mathbf{dt}$, la particule-fluide $\mathbf{M}$ de position $(\mathbf{x_1}, \mathbf{x_2}, \mathbf{x_3})$ à l'instant $\mathbf{t}$ effectue un déplacement infinitésimal $\mathbf{dM}$ et se trouve à la position $(\mathbf{x_1} + \mathbf{dx_1}, \mathbf{x_2} + \mathbf{dx_2}, \mathbf{x_3} + \mathbf{dx_3})$ à l'instant $\mathbf{t} + \mathbf{dt}$.

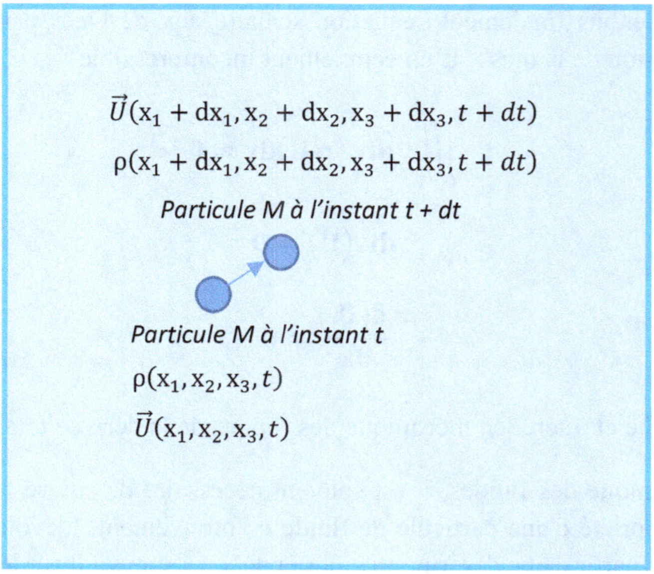

Figure 33 : Dérivée totale

Pour quantifier la variation temporelle instantanée d'une propriété physique lié à la particule-fluide **M** telle que la masse volumique (la température ou la salinité), on doit calculer l'expression suivante :

$$\lim_{dt \to 0} \frac{\rho(x_1 + dx_1, x_2 + dx_2, x_3 + dx_3, t + dt) - \rho(x_1, x_2, x_3, t)}{dt} = \frac{d\rho}{dt}$$

$$= \frac{\partial \rho}{\partial t} + \overrightarrow{\mathbf{grad}}(\rho).\vec{U} = \frac{\partial \rho}{\partial t} + \vec{\nabla}(\rho).\vec{U}$$

Cette expression représente la dérivée totale de la masse volumique de la particule-fluide elle calcule le taux de variation de la masse volumique de la particule-fluide, en suivant cette particule-fluide dans son mouvement.

Par exemple, pour calculer l'accélération $\vec{\mathbf{A}}$ de la particule **M** il faut calculer la variation de la vitesse de cette particule-fluide par rapport au temps, ce qui revient à calculer la dérivée totale de la vitesse $\vec{\mathbf{U}}$ de cette particule-fluide:

$$\vec{\mathbf{A}} = \lim_{dt \to 0} \frac{\vec{\mathbf{U}}(\mathbf{x_1} + \mathbf{dx_1}, \mathbf{x_2} + \mathbf{dx_2}, \mathbf{x_3} + \mathbf{dx_3}, \mathbf{t} + \mathbf{dt}) - \vec{\mathbf{U}}(\mathbf{x_1}, \mathbf{x_2}, \mathbf{x_3}, \mathbf{t})}{\mathbf{dt}}$$

$$= \frac{\mathbf{d\vec{U}}}{\mathbf{dt}} = \begin{pmatrix} \frac{\mathbf{dU_1}}{\mathbf{dt}} \\ \frac{\mathbf{dU_2}}{\mathbf{dt}} \\ \frac{\mathbf{dU_3}}{\mathbf{dt}} \end{pmatrix}$$

Avec :

$$\frac{\mathbf{dU_1}}{\mathbf{dt}} = \frac{\partial \mathbf{U_1}}{\partial \mathbf{t}} + \overrightarrow{\mathbf{grad}}(\mathbf{U_1}).\vec{\mathbf{U}} = \frac{\partial \mathbf{U_1}}{\partial \mathbf{t}} + \vec{\nabla}(\mathbf{U_1}).\vec{\mathbf{U}}$$

$$\frac{\mathbf{dU_2}}{\mathbf{dt}} = \frac{\partial \mathbf{U_2}}{\partial \mathbf{t}} + \overrightarrow{\mathbf{grad}}(\mathbf{U_2}).\vec{\mathbf{U}} = \frac{\partial \mathbf{U_2}}{\partial \mathbf{t}} + \vec{\nabla}(\mathbf{U_2}).\vec{\mathbf{U}}$$

$$\frac{\mathbf{dU_3}}{\mathbf{dt}} = \frac{\partial \mathbf{U_3}}{\partial \mathbf{t}} + \overrightarrow{\mathbf{grad}}(\mathbf{U_3}).\vec{\mathbf{U}} = \frac{\partial \mathbf{U_3}}{\partial \mathbf{t}} + \vec{\nabla}(\mathbf{U_3}).\vec{\mathbf{U}}$$

7 Mouvements élémentaires d'un élément de fluide

On se propose d'explorer en détail les mouvements fondamentales d'un fluide. La translation, qui représente son déplacement global dans l'espace, la dilatation, qui décrit le changement de volume d'un élément fluide ; la rotation, qui quantifie son mouvement de pivotement et en fin le cisaillement, qui

Pour simplifier cette partie nous allons considérer le cas bidimensionnel 2D, et un surface élémentaire rectangulaire du fluide **ds** de cotées $\mathbf{dx_1}$ et $\mathbf{dx_2}$. Le champ de vitesse est permanent et dépend des deux coordonnées $\mathbf{x_1}$ et $\mathbf{x_2}$:

$$\vec{\mathbf{U}}(\mathbf{x_1}, \mathbf{x_2}) = \mathbf{U_1}\vec{\mathbf{x}}_1 + \mathbf{U_2}\vec{\mathbf{x}}_2$$

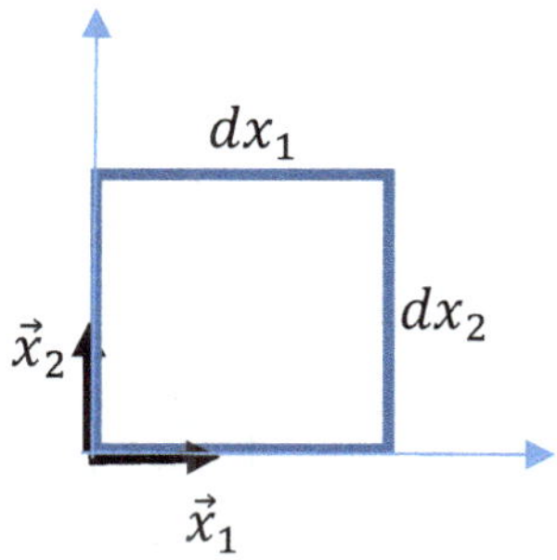

Figure 34 : Surface élémentaire rectangulaire du fluide

7.1 Translation

Lors d'une translation pure, toutes les particules ont la même vitesse et subissent le même déplacement sans aucune déformation. Le champ de vitesse est constant $\vec{\mathbf{U}}(\mathbf{x_1}, \mathbf{x_2}) = \overrightarrow{\mathbf{Cst}}$.

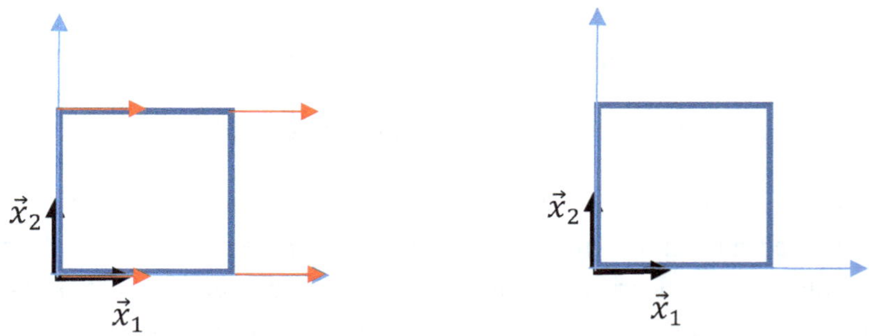

Figure 35 : Translation pure

7.2 Dilatation

La dilatation signifie dans ce cas une déformation linéaire due à la variation de la vitesse dans la direction du mouvement.

Exemple 1 :

Dilatation linéaire pure liée à la variation de la vitesse $\mathbf{U_1}$ par rapport à $\mathbf{x_1}$:

$$\frac{\partial \mathbf{U_1}}{\partial \mathbf{x_1}} \neq \mathbf{0}$$

Le taux de dilatation liée à la variation de la vitesse $\mathbf{U_1}$ par rapport à $\mathbf{x_1}$ est égal à :

$$\frac{\partial \mathbf{U_1}}{\partial \mathbf{x_1}}$$

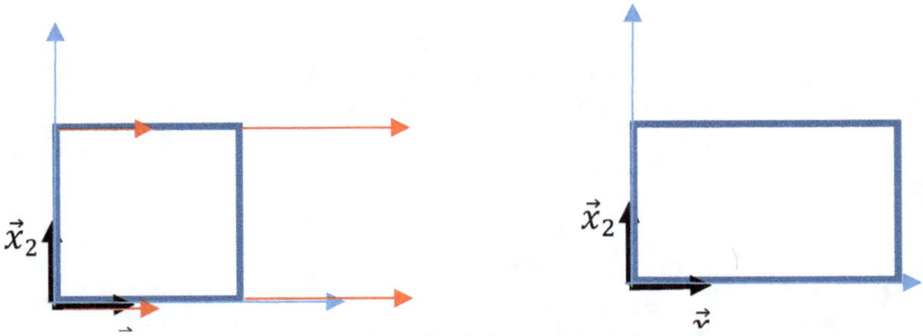

Figure 36 : Dilatation linéaire pure suivant x_1

Exemple 2 :

Dilatation linéaire pure liée à la variation de la vitesse $\mathbf{U_2}$ par rapport à $\mathbf{x_2}$:

$$\frac{\partial \mathbf{U_2}}{\partial \mathbf{x_2}} \neq \mathbf{0}$$

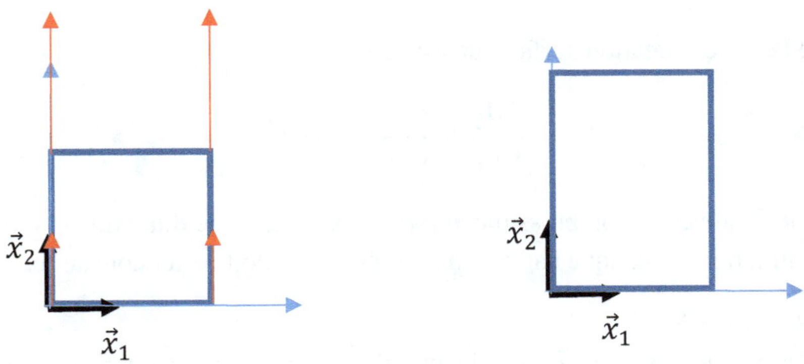

Figure 37 : Dilatation linéaire pure suivant x_2

Le taux de dilatation liée à la variation de la vitesse $\mathbf{U_2}$ par rapport à $\mathbf{x_2}$ est égal à :

$$\frac{\partial \mathbf{U_2}}{\partial \mathbf{x_2}}$$

Exemple 2 :

Combinaison d'une dilatation linéaire pure liée à la variation de la vitesse $\mathbf{U_1}$ par rapport à $\mathbf{x_1}$ et d'une contraction (opposé de dilatation) linéaire pure liée à la variation de la vitesse $\mathbf{U_2}$ par rapport à $\mathbf{x_2}$:

$$\frac{\partial U_1}{\partial x_1} \neq 0 \text{ et } \frac{\partial U_2}{\partial x_2} \neq 0$$

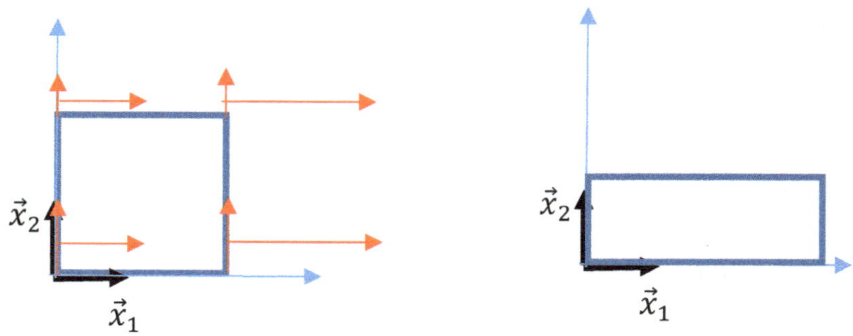

Figure 38 : Dilatation linéaire pure suivant x_1 et contraction linéaire pure suivant x_2

Le taux de dilatation surfacique est égal à :

$$\frac{\partial U_1}{\partial x_1} + \frac{\partial U_2}{\partial x_2} = \mathrm{div}\,\vec{U}$$

Si le fluide est incompressible alors il ne subit aucune dilatation ou contraction surfacique car sa masse volumique doit rester constante.

7.3 Rotation

Une rotation pure (sans cisaillement) est une rotation du fluide autour d'axe de la même maniéré que la rotation d'une solide indéformable autour d'un axe :

$$\frac{\partial U_1}{\partial x_2} - \frac{\partial U_2}{\partial x_1} \neq 0 \text{ et } \frac{\partial U_1}{\partial x_2} = -\frac{\partial U_2}{\partial x_1}$$

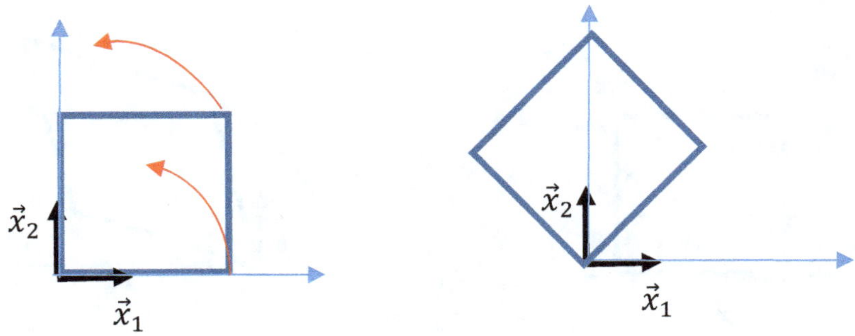

Figure 39 : Rotation pure

$$\frac{\partial U_1}{\partial x_2} - \frac{\partial U_2}{\partial x_1} \neq 0$$

$$\frac{\partial U_1}{\partial x_2} = -\frac{\partial U_2}{\partial x_1}$$

La vitesse du taux de rotation est égale à :

$$\Omega = \frac{1}{2}\left(\frac{\partial U_1}{\partial x_2} - \frac{\partial U_2}{\partial x_1}\right)$$

Le vecteur de rotation nommé aussi vecteur tourbillon est donnée par :

$$\vec{\Omega} = \overrightarrow{Rot}\,\vec{U}$$

7.4 Cisaillement

Le cisaillement pure (sans rotation) est la déformation angulaire associée à une variation de la vitesse dans la direction normale au mouvement :

$$\frac{\partial U_1}{\partial x_2} + \frac{\partial U_2}{\partial x_1} \neq 0$$

$$\frac{\partial U_1}{\partial x_2} = \frac{\partial U_2}{\partial x_1}$$

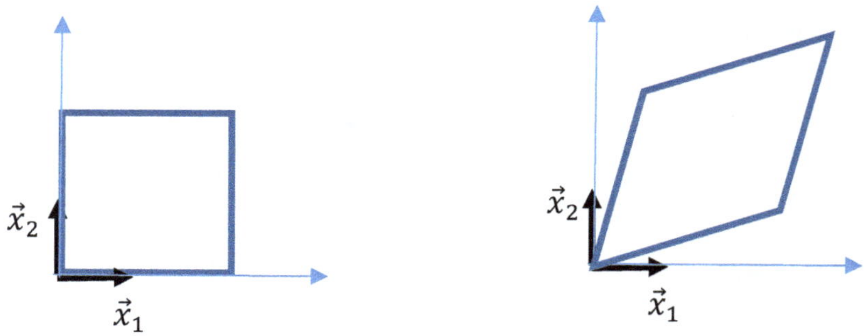

Figure 40 : Cisaillement pure

Chapitre 3 : Viscosité et tenseur des contraintes

1 Introduction

La viscosité est une propriété fondamentale des fluides qui décrit leur résistance à l'écoulement. Elle joue un rôle crucial dans de nombreux phénomènes naturels et industriels, de la circulation sanguine à l'écoulement des fluides dans les pipelines.

Dans ce chapitre, nous commencerons par un rappel des notions fondamentales de l'algèbre linéaire, indispensables pour comprendre les tenseurs. Nous définirons ensuite ce qu'est un tenseur, puis nous aborderons le concept de viscosité. Enfin, nous expliquerons le rôle du tenseur dans la classification et la modélisation des grandeurs physiques, avant de nous concentrer sur le tenseur des contraintes visqueuses, qui permet de décrire avec précision les forces internes de viscosité au sein d'un fluide.

2 Notions fondamentales en algèbre linéaire

2.1.1 Introduction

L'algèbre linéaire est une branche des mathématiques qui étudie les espaces vectoriels et les transformations linéaires entre ces espaces. Elle est essentielle pour comprendre la notion de tenseur.

2.1.2 Espaces, bases, vecteur, référentiel

Dans cette section, nous nous limiterons à l'étude des espaces vectoriels euclidiens tridimensionnels $\mathbb{R}^3$ sur le corps des nombres réels $\mathbb{R}$, muni de la base orthonormée directe cartésienne $(\vec{\mathbf{x}}_1, \vec{\mathbf{x}}_2, \vec{\mathbf{x}}_3)$ et d'un répère $\mathbf{R}(\mathbf{O}, \vec{\mathbf{x}}_1, \vec{\mathbf{x}}_2, \vec{\mathbf{x}}_3)$, où $\mathbf{O}$ est un point fixe. Chaque vecteur $\vec{\mathbf{u}}$ de l'espace vectoriel $\mathbb{R}^3$, s'écrit dans cette base en fonction de ses composantes $\mathbf{x}_1, \mathbf{x}_2, \mathbf{x}_3$, comme suite :

$$\vec{\mathbf{u}} = \mathbf{x}_1\vec{\mathbf{x}}_1 + \mathbf{x}_2\vec{\mathbf{x}}_2 + \mathbf{x}_3\vec{\mathbf{x}}_3 = \sum_{i=1}^{3} \mathbf{x}_i\vec{\mathbf{x}}_i$$

2.1.3 Forme linéaire dans $\mathbb{R}^3$

Une forme linéaire **F** dans $\mathbb{R}^3$ est une application qui prend un vecteur $\vec{\mathbf{u}} \in \mathbb{R}^3$ et renvoie un scalaire $\boldsymbol{\beta} \in \mathbb{R}$:

$$\mathbf{F}: \ \mathbb{R}^3 \to \mathbb{R}$$

$$\vec{\mathbf{u}} \to \boldsymbol{\beta} = \mathbf{F}(\vec{\mathbf{u}})$$

Elle doit satisfaire les conditions fondamentales de linéarité, c'est-à-dire $\forall \ \vec{\mathbf{u}} \ \mathbf{et} \ \vec{\mathbf{v}} \in \mathbb{R}^3$ et $\boldsymbol{\alpha} \in \mathbb{R}$ alors :

$$\mathbf{F}(\vec{\mathbf{u}} + \vec{\mathbf{v}}) = \mathbf{F}(\vec{\mathbf{u}}) + \mathbf{F}(\vec{\mathbf{v}})$$

$$\mathbf{F}(\boldsymbol{\alpha}\vec{\mathbf{u}}) = \boldsymbol{\alpha}.\mathbf{F}(\vec{\mathbf{u}})$$

Remarques

En général, une forme linéaire **F** est représentée, par une fonction $\mathbf{f}(\mathbf{x}_1, \mathbf{x}_2, \mathbf{x}_3)$ à trois variables $\mathbf{x}_1, \mathbf{x}_2 \ \mathbf{et} \ \mathbf{x}_3$:

$$\mathbf{F}(\vec{\mathbf{u}}) = \mathbf{f}(\mathbf{x}_1, \mathbf{x}_2, \mathbf{x}_3)$$

Les formes linéaires, sont appelées covecteurs.

Exemples

$\mathbf{F}(\vec{\mathbf{u}}) = \mathbf{f}(\mathbf{x}_1, \mathbf{x}_2, \mathbf{x}_3) = \mathbf{x}_1 + \mathbf{x}_2 + \mathbf{x}_3$: Cette forme linéaire somme les coordonnées d'un vecteur $\vec{\mathbf{u}} = \mathbf{x}_1\vec{\mathbf{x}}_1 + \mathbf{x}_2\vec{\mathbf{x}}_2 + \mathbf{x}_3\vec{\mathbf{x}}_3$.

$\mathbf{F}(\vec{\mathbf{u}}) = \mathbf{f}(\mathbf{x}_1, \mathbf{x}_2, \mathbf{x}_3) = \mathbf{x}_1$: Cette forme linéaire donne la projection d'un vecteur $\vec{\mathbf{u}} = \mathbf{x}_1\vec{\mathbf{x}}_1 + \mathbf{x}_2\vec{\mathbf{x}}_2 + \mathbf{x}_3\vec{\mathbf{x}}_3$ sur l'axe $\mathbf{x}_1$.

$\mathbf{F}(\vec{\mathbf{u}}) = \mathbf{f}(\mathbf{x}_1, \mathbf{x}_2, \mathbf{x}_3) = \mathbf{x}_1\mathbf{dx}_1 + \mathbf{x}_2\mathbf{dx}_2 + \mathbf{x}_3\mathbf{dx}_3$: Cette forme linéaire donne le travail élémentaire $\boldsymbol{\delta}\mathbf{w}$ d'une force $\vec{\mathbf{u}} = \mathbf{x}_1\vec{\mathbf{x}}_1 + \mathbf{x}_2\vec{\mathbf{x}}_2 + \mathbf{x}_3\vec{\mathbf{x}}_3$, selon le déplacement élémentaire $\overrightarrow{\mathbf{dM}} = \mathbf{dx}_1\vec{\mathbf{x}}_1 + \mathbf{dx}_2\vec{\mathbf{x}}_2 + \mathbf{dx}_3\vec{\mathbf{x}}_3$. Elle peut s'écrire aussi $\boldsymbol{\delta}\mathbf{w} = \vec{\mathbf{u}}.\overrightarrow{\mathbf{dM}}$.

2.1.4 Espace dual de $\mathbb{R}^3$

L'ensemble de toutes les formes linéaires dans $\mathbb{R}^3$ (les covecteurs) forment l'espace dual de $\mathbb{R}^3$, il est noté $(\mathbb{R}^3)^*$.

2.1.5 Application linéaire de $\mathbb{R}^3$ vers $\mathbb{R}^3$ (Endomorphisme)

Une application linéaire $\mathbf{L}$ de $\mathbb{R}^3$ vers $\mathbb{R}^3$ est une application qui prend un vecteur $\vec{\mathbf{u}} \in \mathbb{R}^3$ et renvoie un autre vecteur $\vec{\mathbf{w}} \in \mathbb{R}^3$:

$$\mathbf{L} : \mathbb{R}^3 \to \mathbb{R}^3$$

$$\vec{\mathbf{u}} \to \vec{\mathbf{w}} = \mathbf{L}\,(\vec{\mathbf{u}})$$

Elle doit satisfaire les conditions de linéarité, c'est-à-dire $\forall$ $\vec{\mathbf{u}}$ **et** $\vec{\mathbf{v}} \in \mathbb{R}^3$ et $\boldsymbol{\lambda} \in \mathbb{R}$ alors :

$$\mathbf{L}(\vec{\mathbf{u}} + \vec{\mathbf{v}}) = \mathbf{L}(\vec{\mathbf{u}}) + \mathbf{L}(\vec{\mathbf{v}})$$

$$\mathbf{L}(\boldsymbol{\lambda}\vec{\mathbf{u}}) = \boldsymbol{\lambda}.\mathbf{L}(\vec{\mathbf{u}})$$

Toute application linéaire de $\mathbb{R}^3$ vers $\mathbb{R}^3$ est un endomorphisme.

Remarques

Nous pouvons définir de la même manière une application linéaire de $(\mathbb{R}^3)^*$ vers $(\mathbb{R}^3)^*$ qui prend un covecteur et le transforme en un autre covecteur. Dans ce cas les espaces de départ et d'arrivée sont des espaces duals de $\mathbb{R}^3$.

De même, nous pouvons définir une application linéaire de $(\mathbb{R}^3)^*$ vers $\mathbb{R}^3$ ou $\mathbb{R}^3$ vers $(\mathbb{R}^3)^*$, ces applications linéaires prennent un covecteur et le transforme en un vecteur ou vice-versa.

2.1.6 Représentation matricielle d'une application linéaire de $\mathbb{R}^3$ vers $\mathbb{R}^3$ (Endomorphisme)

En général, une application linéaire peut être représentée dans la base de l'espace vectoriel $\mathbb{R}^3$ par une matrice, la taille de la matrice est déterminée par les dimensions des espaces vectoriels de départ et d'arrivée. Dans notre cas, l'espace de départ est $\mathbb{R}^3$ (dimension 3) et l'espace d'arrivée est également $\mathbb{R}^3$ (dimension 3), donc la matrice qui représente cette application linéaire est une matrice d'ordre $\mathbf{3} \times \mathbf{3}$. Cette matrice est représentée dans la base de l'espace vectoriel $\mathbb{R}^3$par ces éléments $\mathbf{L_{ij}}$, comme suite :

$$\begin{pmatrix} \mathbf{L_{11}} & \mathbf{L_{12}} & \mathbf{L_{13}} \\ \mathbf{L_{21}} & \mathbf{L_{22}} & \mathbf{L_{23}} \\ \mathbf{L_{31}} & \mathbf{L_{32}} & \mathbf{L_{33}} \end{pmatrix}$$

2.1.7 Application bilinéaire de $\mathbb{R}^3 \times \mathbb{R}^3 \to \mathbb{R}$

Une application bilinéaire **B** de $\mathbb{R}^3 \times \mathbb{R}^3 \to \mathbb{R}$ est une application qui prend deux vecteurs en entrée $\vec{\mathbf{u}}, \vec{\mathbf{v}} \in \mathbb{R}^3$et renvoie un scalaire $\boldsymbol{\alpha} \in \mathbb{R}$:

$$\mathbf{B} : \mathbb{R}^3 \times \mathbb{R}^3 \to \mathbb{R}$$

$$(\vec{\mathbf{u}}, \vec{\mathbf{v}}) \to \boldsymbol{\alpha} = \mathbf{B}\,(\vec{\mathbf{u}}, \vec{\mathbf{v}})$$

Elle doit satisfaire les conditions fondamentales de linéarité pour ces deux arguments :

$$\mathbf{B}(\vec{\mathbf{u}} + \vec{\mathbf{w}}, \vec{\mathbf{v}}) = \mathbf{B}(\vec{\mathbf{u}}, \vec{\mathbf{v}}) + \mathbf{B}(\vec{\mathbf{w}}, \vec{\mathbf{v}})$$

$$\mathbf{B}(\boldsymbol{\lambda}\vec{\mathbf{u}}, \vec{\mathbf{v}}) = \boldsymbol{\lambda}.\,\mathbf{B}(\vec{\mathbf{u}}, \vec{\mathbf{v}})$$

$$\mathbf{B}(\vec{\mathbf{u}}, \vec{\mathbf{v}} + \vec{\mathbf{w}}) = \mathbf{B}(\vec{\mathbf{u}}, \vec{\mathbf{v}}) + \mathbf{B}(\vec{\mathbf{u}}, \vec{\mathbf{w}})$$

$$\mathbf{B}(\vec{\mathbf{u}}, \boldsymbol{\lambda}\vec{\mathbf{v}}) = \boldsymbol{\lambda}.\,\mathbf{B}(\vec{\mathbf{u}}, \vec{\mathbf{v}})$$

Remarque

De la même manière nous pouvons définir l'application bilinéaire de $\mathbb{R}^3 \times (\mathbb{R}^3)^* \to \mathbb{R}$ qui prend un vecteur et un covecteur et renvoie un scalaire et l'application bilinéaire de $(\mathbb{R}^3)^* \times (\mathbb{R}^3)^* \to \mathbb{R}$ qui prend deux covecteurs et renvoie un scalaire.

2.1.8 Application multilinéaires

Une application multilinéaire **M** est une application n-linéaire (multilinéaire n fois) qui prend en entrée **n** vecteurs et covecteurs (**p** covecteurs $\vec{\mathbf{u}}^*{}_1, \vec{\mathbf{u}}^*{}_2 \ldots, \vec{\mathbf{u}}^*{}_{\mathbf{p}} \in \mathbb{R}^3$ et **q** vecteurs $\vec{\mathbf{u}}_1, \vec{\mathbf{u}}_2 \ldots, \vec{\mathbf{u}}_{\mathbf{n}} \in (\mathbb{R}^3)^*$ **avec** $\mathbf{n} = \mathbf{p} + \mathbf{q}$) et renvoie un scalaire $\boldsymbol{\beta}$.

$$\mathbf{M} : (\mathbb{R}^3)^* \ldots\ldots \times (\mathbb{R}^3)^* \times \mathbb{R}^3 \ldots\ldots \times \mathbb{R}^3 \to \mathbb{R}$$

$$\left(\vec{\mathbf{u}}^*{}_1, \vec{\mathbf{u}}^*{}_2 \ldots, \vec{\mathbf{u}}^*{}_p, \vec{\mathbf{u}}_1, \vec{\mathbf{u}}_2 \ldots, \vec{\mathbf{u}}_n\right) \to \boldsymbol{\beta} = \mathbf{M}\left(\vec{\mathbf{u}}^*{}_1, \vec{\mathbf{u}}^*{}_2 \ldots, \vec{\mathbf{u}}^*{}_p, \vec{\mathbf{u}}_1, \vec{\mathbf{u}}_2 \ldots, \vec{\mathbf{u}}_n\right)$$

Elle doit satisfaire les conditions fondamentales de linéarité pour tous ces arguments.

3 Tenseur

3.1.1 Définition du tenseur en tant qu'application multilinéaire

Un tenseur d'ordre $\mathbf{n} \geq \mathbf{0}$, noté $\mathbf{T}^{\mathbf{n}}$, est une application n-linéaire (multilinéaire n fois) qui prend en entrée **n** vecteurs et covecteurs (**p** covecteurs $\vec{\mathbf{u}}^*{}_1, \vec{\mathbf{u}}^*{}_2 \ldots, \vec{\mathbf{u}}^*{}_p \in \mathbb{R}^3$ et **q** vecteurs $\vec{\mathbf{u}}_1, \vec{\mathbf{u}}_2 \ldots, \vec{\mathbf{u}}_n \in (\mathbb{R}^3)^*$ **avec** $\mathbf{n} = \mathbf{p} + \mathbf{q}$) et renvoie un scalaire $\boldsymbol{\beta}$.

L'ordre **n** du tenseur est égal à la somme des indices covariant **p** et contravariant **q** :

$$\mathbf{n} = \mathbf{p} + \mathbf{q}$$

3.1.2 Définition du tenseur en tant qu'application linéaire

Un tenseur d'ordre $\mathbf{n} \geq \mathbf{1}$, noté $\mathbf{T}^{\mathbf{n}}$ d'indices covariant **p** et contravariant **q** peut être interprété comme étant une application linéaire **L** qui par contraction avec un vecteur $\vec{\mathbf{u}}$ renvoie un tenseur $\mathbf{T}^{\mathbf{n}-\mathbf{1}}$ d'ordre $\mathbf{n} - \mathbf{1}$ d'indices covariant **p** et contravariant $\mathbf{q} - \mathbf{1}$.

Un tenseur d'ordre $\mathbf{n} \geq \mathbf{1}$, noté $\mathbf{T}^{\mathbf{n}}$ d'indices covariant **p** et contravariant **q** peut être interprété aussi comme étant une application linéaire **L** qui par contraction avec un covecteur $\vec{\mathbf{v}}$ renvoie un tenseur $\mathbf{T}^{\mathbf{n}-\mathbf{1}}$ d'ordre $\mathbf{n} - \mathbf{1}$ d'indices covariant $\mathbf{p} - \mathbf{1}$ et contravariant **q**.

3.1.3 Le tenseur en tant qu'outil mathématique de modélisation

En physique, les tenseurs sont des outils mathématiques essentiels pour décrire des quantités physiques qui dépendent de plusieurs directions ou de plusieurs variables. Ils généralisent les concepts de scalaires (quantités sans direction), de vecteurs (quantités avec une direction) et de matrices (quantités avec deux directions). Par exemple le tenseur d'ordre 2 est utilisé en mécanique des fluides pour modéliser l'état de contrainte ou les taux de déformation, la viscosité. Le Tenseur en tant qu'outil mathématique de modélisation en physique possède trois caractéristiques clés (plus de détails dans le paragraphe 5 de ce chapitre) :

Invariance : les tenseurs permettent d'exprimer les lois physiques de manière indépendante du système de coordonnées choisi. C'est-à-dire si on change le système de base, la représentation du tenseur dans cette base change mais le tenseur garde sa signification physique.

Transformation : les composantes d'un tenseur se transforment de manière spécifique lors des changements de coordonnées, ce qui garantit que les lois physiques restent les mêmes.

Généralisation : les tenseurs permettent de généraliser les concepts physiques à des espaces de dimensions supérieures ou à des espaces courbes.

4 Viscosité

4.1 Ecoulement de Couette plan

L'expérience ci-dessous (similaire à l'écoulement de Couette plan) consiste à placer une plaque plane sur la surface libre d'eau et de déplacer cette plaque dans la direction indiquée sur la figure ci-dessous. La configuration classique de l'écoulement de Couette plan se fait généralement entre deux plaques parallèles, dont l'une est mobile et l'autre immobile. La configuration décrite ici représente un cas particulier ou l'écoulement est induit par une plaque plane en mouvement sur la surface libre d'un fluide au repos.

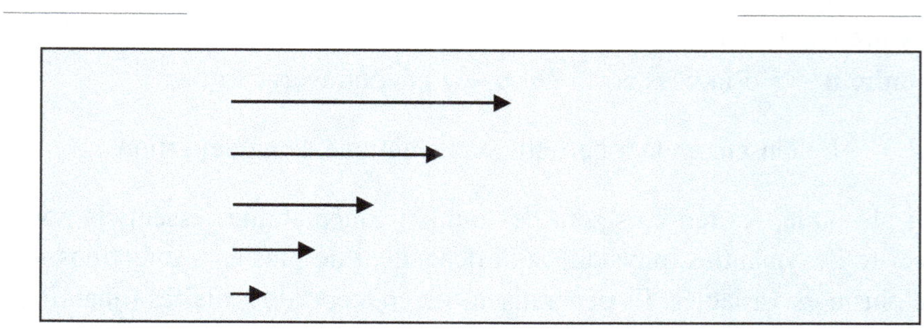

Figure 41 : Effet de la viscosité sur l'écoulement

Le déplacement de la plaque induit un écoulement cisaillé dans le fluide en dessous. La première couche d'eau adhérée à la plaque se met en mouvement à la même vitesse que la plaque (adhérence), alors qu'au niveau des autres couches inférieures, la vitesse d'eau subit une diminution progressive, chaque couche inférieure se déplaçant moins vite que celle située au-dessus.

Cette expérience met en évidence une transmission de mouvement entre les couches de fluide voisines, causée par une force qui s'exerce entre elles lorsque le fluide est en écoulement cisaillé.

4.2 Définition de la viscosité

La viscosité quantifie la résistance à l'écoulement due aux forces de frottement entre les couches de fluides. Plus ce frottement est important, plus le fluide sera visqueux, et ainsi, plus il faudra déployer de force pour déplacer le fluide. Et inversement, si ce frottement est moins important, le fluide s'écoulera plus facilement, et sera moins visqueux.

4.3 Viscosité origine microscopique

La viscosité, au niveau microscopique, est le résultat des interactions entre les molécules qui composent un fluide. Ces interactions peuvent être de différentes natures et leur importance varie selon le type de fluide (liquide ou gaz). Les molécules d'un liquide sont attirées les unes aux autres par des forces intermoléculaires, telles que les forces de Van der Waals ou les liaisons hydrogène. Ces forces de cohésion tendent à maintenir les molécules ensemble et à résister à leur déplacement relatif. Plus les forces intermoléculaires sont fortes, plus le liquide est visqueux. Les molécules d'un gaz sont en mouvement constant et aléatoire, et elles entrent en collision les unes avec les autres. Ces collisions entraînent un transfert de quantité de mouvement entre les molécules, ce qui a pour effet de ralentir les couches les plus rapides et d'accélérer les couches les plus lentes.

4.4 Facteurs influençant la viscosité

La viscosité des liquides diminue avec l'augmentation de la température, car l'énergie cinétique des molécules augmente, ce qui réduit l'importance des forces intermoléculaires. La viscosité des gaz augmente avec l'augmentation de la température, car la fréquence des collisions moléculaires augmente. La pression a un effet négligeable sur la viscosité des liquides, sauf à des pressions très élevées. La viscosité des gaz augmente avec l'augmentation de la pression, car la masse volumique du gaz augmente, ce qui entraîne une augmentation de la fréquence des collisions moléculaires.

4.5 Définition de la force de viscosité

La force de viscosité s'exerce sur la surface de contact entre les différentes couches d'un fluide en mouvement. Contrairement aux forces volumiques (comme la gravité), qui agissent sur l'ensemble du volume d'un corps. La force de viscosité est une force de contact, car elle nécessite un contact direct entre les particules-fluides, contrairement à la force de gravité.

Contrairement à la force de pression, la force de viscosité est tangentielle à la surface de contact, elle s'oppose au glissement des couches fluides les uns par rapport aux autres.

La force de viscosité est une force de frottement interne au fluide, elle dissipe l'énergie cinétique du fluide en la transformant en chaleur.

4.6 Définition de l'adhérence

L'adhérence des fluides, dans le contexte de la mécanique des fluides, fait référence à la tendance d'un fluide à adhérer ou à coller à une surface solide avec laquelle il est en contact. Ce phénomène est dû aux forces intermoléculaires entre les molécules du fluide et celles de la surface solide. En général, les fluides visqueux s'adhèrent à la paroi (c'est-à-dire se collent à la paroi, condition aux limites de non-glissement), la vitesse du fluide sur la paroi est nulle. Les fluides visqueux s'adhèrent sur les parois et les obstacles qui interceptent leurs écoulements. Il est intéressant de mentionner qu'il existe des situations où cette condition non-glissement peut ne pas être strictement vérifiée et où un glissement à la paroi peut se produire.

5 Classification et modélisation des grandeurs physiques

5.1 Introduction

La physique, en tant que science de la nature, s'appuie sur la mesure et la modélisation des grandeurs physiques caractérisant les phénomènes qui nous entourent. Ce chapitre introductif a pour objectif de vous expliquer les concepts fondamentaux de la classification et de la modélisation des grandeurs physiques, en soulignant l'importance des modèles mathématiques dans la représentation des phénomènes physiques.

Nous explorerons les différentes catégories de grandeurs physiques, en distinguant notamment les grandeurs scalaires, vectorielles, tensorielles.

5.2 Grandeurs physiques

Une grandeur physique est une propriété mesurable d'un phénomène, d'un corps ou d'un système, qui peut être décrite mathématiquement (modélisée) de manière objective, comme la température, la pression, la force, la vitesse, la déformation. Selon la nature de ces grandeurs physiques, la description mathématique peut nécessiter une simple valeur numérique (scalaire), une direction et un sens (vecteur), ou des objets mathématiques plus complexes comme le torseur ou le tenseur d'ordre deux.

5.3 Grandeur physique scalaire

5.3.1 Définition

Une grandeur physique scalaire est une propriété physique mesurable qui ne possède pas de direction ou de sens privilégiés, elle se caractérise uniquement par sa magnitude, comme la masse, la masse volumique, la température et la pression.

5.3.2 Exemples

La température par exemple est une grandeur physique scalaire, elle mesure l'agitation moyenne des molécules, elle ne dépend pas de la direction dans laquelle les particules se déplacent et elle est la même dans toutes les directions autour d'un point donné. La température est exprimée par un nombre réel, comme 37°C, et ne possède pas de direction associée, ce qui en fait un exemple typique de scalaire. Tout comme la température, la pression est une grandeur physique scalaire qui indique la force normale par unité de surface, elle est mesurée par un manomètre et est exprimée par un nombre réel par exemple 2.5 Bar, sans direction ou sens associés. Bien que la pression soit liée à une force, elle reste une grandeur scalaire, car sa définition (voir définition de la pression) même inclut déjà l'information sur la direction et le sens de cette force.

5.3.3 Modélisation : scalaire, tenseur d'ordre 0

Un scalaire est un tenseur $\mathbf{T}^{\mathbf{0}}$ d'ordre 0, mathématiquement, on peut le voir comme une application multilinéaire sans entrée vectorielle, qui renvoie une valeur scalaire. Ainsi, un tenseur d'ordre 0 est une constante : un nombre ou un scalaire qui se retourne lui-même en l'absence d'arguments vectoriels. Physiquement, une grandeur scalaire est entièrement définie par un scalaire (avec une unité), sans direction ni sens. Le scalaire (ou tenseur d'ordre 0) est l'outil mathématique utilisé pour quantifier, comparer et modéliser ces grandeurs. Notons que la valeur du tenseur d'ordre 0 est indépendante du choix de la base. Par exemple la masse d'un objet qui est un tenseur d'ordre 0, ne dépend pas du système des coordonnées, elle reste invariante et garde sa signification physique même si on change le système des coordonnées. En général, les grandeurs physiques scalaires ne dépendent pas du système de coordonnées dans lequel elles sont exprimées. En changeant le système de coordonnées, les grandeurs scalaires comme la masse, la masse volumique, la pression, la température gardent les mêmes valeurs.

Tableau 4 : Grandeur physique scalaire

Grandeur physique scalaire	
Propriétés physiques	Magnitude
Outil mathématique de modélisation	Scalaire Tenseur d'ordre 0
Symbole	$\boldsymbol{\alpha}$
Représentation dans l'espace cartésienne $(\vec{\mathbf{x}}_1, \vec{\mathbf{x}}_2, \vec{\mathbf{x}}_3)$	Réel

5.4 Grandeur physique vectorielle

5.4.1 Définition

Une grandeur physique vectorielle est une propriété physique mesurable qui nécessite, pour sa description complète, une norme, une direction et un sens à l'image de la force, de la vitesse ou du déplacement.

5.4.2 Exemple

Pour illustrer la notion d'une grandeur vectorielle, prenons l'exemple d'un objet ponctuel **M** de masse $\mathbf{m = 0,1\ g}$, posé sur une table.

Le point ponctuel est immobile, dans cette situation d'équilibre, deux forces principales s'exercent sur l'objet ponctuel :

$\vec{\mathbf{P}}$: force de poids de l'objet, elle est appliquée au point **M** (point d'application) et verticale (direction) dirigée vers le bas (sens), d'intensité $\mathbf{m.g = 0,98\ N}$ (norme).

$\vec{\mathbf{T}}$: forcede réaction de la table sur l'objet, elle est appliquée au point de **M** (point d'application) et verticale (direction) dirigée vers le haut (sens), d'intensité $\mathbf{T = m.g = 0,98\ N}$ (norme).

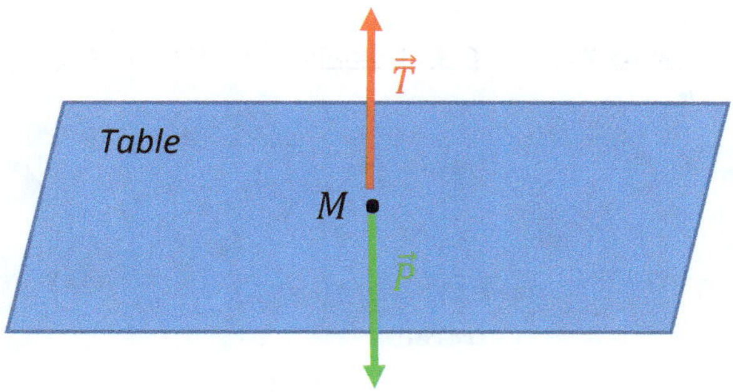

Figure 42 : Objet ponctuel M en équilibre

Ces deux forces ont la même direction (verticale), le même point d'application **M**, et la même norme $\mathbf{T = m.g = 0,98\ N}$, mais elles ont des actions mécaniques différentes ($\vec{\mathbf{P}} \neq \vec{\mathbf{T}}$) car elles ont un sens opposé. En effet la force de poids attire l'objet verticalement vers le bas tandis que la force de réaction s'oppose à cette attraction en poussant l'objet verticalement vers le haut, empêchant ainsi son mouvement vers le bas et gardant l'objet en équilibre.

L'exemple de l'objet sur la table révèle l'insuffisance des scalaires pour décrire les forces, car ils ne rendent pas compte de leur direction et de leur sens. C'est pourquoi les vecteurs ont été introduits en physique et en mathématiques, permettant ainsi une représentation et une comparaison objective des grandeurs physiques vectorielles.

Le déplacement, la vitesse et l'accélération d'un point matériel sont des grandeurs physiques vectorielles ; elles sont représentées par des vecteurs.

5.4.3 Modélisation : Vecteur, tenseur d'ordre 1

Le vecteur, en tant qu'outil mathématique, permet de représenter, de modéliser et de manipuler les grandeurs vectorielles, en intégrant ces informations directionnelles dans les calculs et les analyses.

Mathématiquement, le vecteur $\vec{\mathbf{v}} = \overrightarrow{\mathbf{OM}}$ est un outil (objet) mathématique caractérisé par :

1-Sa norme (module, intensité) : La longueur du vecteur $\vec{\mathbf{v}}$: La distance $\|\vec{\mathbf{v}}\| = \mathbf{d} = \mathbf{4m}$

2-Sa direction (Droite support) : La droite qui porte le vecteur $\vec{\mathbf{v}}$: La droite $(\mathbf{D})$

3-Son sens : Le sens indiqué par la flèche : Le Nord-Est

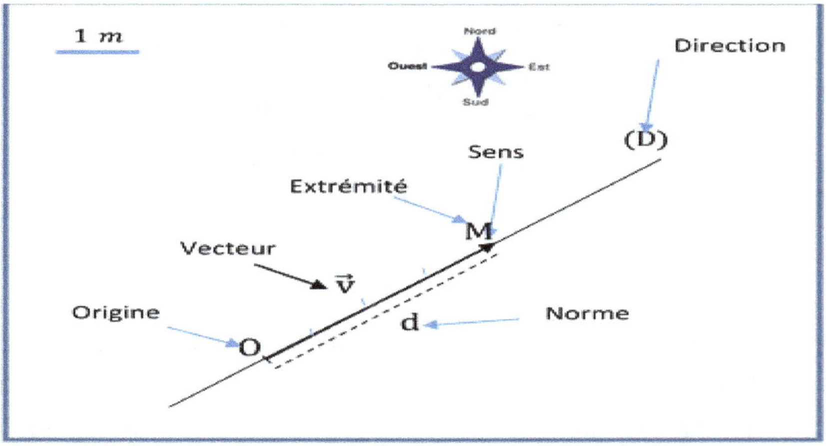

Figure 43 : Vecteur

Tous les vecteurs forment l'ensemble des vecteurs ou l'espace vectoriel $\mathbb{R}^3$.

Chaque vecteur $\vec{\mathbf{v}}$ de l'espace vectoriel $\mathbb{R}^3$ s'écrit dans la base cartésienne $(\vec{\mathbf{x}}_1, \vec{\mathbf{x}}_2, \vec{\mathbf{x}}_3)$ comme suite :

$$\vec{\mathbf{v}} = \begin{pmatrix} \mathbf{x}_1 \\ \mathbf{x}_2 \\ \mathbf{x}_3 \end{pmatrix}_{(\vec{\mathbf{x}}_1, \vec{\mathbf{x}}_2, \vec{\mathbf{x}}_3)}$$

$\mathbf{x}_1, \mathbf{x}_2$ **et** $\mathbf{x}_3$ sont les coordonnées du vecteur $\vec{\mathbf{v}}$ dans la base cartésienne $(\vec{\mathbf{x}}_1, \vec{\mathbf{x}}_2, \vec{\mathbf{x}}_3)$.

Un vecteur $\vec{\mathbf{v}}$ est un tenseur $\mathbf{T}^1$ d'ordre $\mathbf{n} = \mathbf{1}$, et d'indices covariant $\mathbf{p} = \mathbf{0}$ et contravariant $\mathbf{q} = \mathbf{1}$, car il peut être considéré comme une application linéaire qui prend un covecteur $\vec{\mathbf{v}}^*$ en entrée et renvoie un tenseur d'ordre $\mathbf{n} = \mathbf{0}$ d'indices covariant $\mathbf{p} = \mathbf{0}$ et contravariant $\mathbf{q} = \mathbf{0}$ (un scalaire $\boldsymbol{\beta}$) :

$$\mathbf{T^1} : \mathbb{R}^{3\,*} \rightarrow \mathbb{R}$$

$$(\vec{\mathbf{v}}^*) \rightarrow \boldsymbol{\beta} = \mathbf{T^1}\,(\vec{\mathbf{v}}^*)$$

Le vecteur est un tenseur d'ordre 1 qui peut être représenté dans $\mathbb{R}^3$ par une matrice colonne d'ordre $\mathbf{3} \times \mathbf{1}$.

En général, chaque vecteur (le vecteur vitesse, le vecteur déplacement et le vecteur force) peut être vu comme un tenseur d'ordre 1. Le vecteur en tant que tenseur d'ordre 1 peut être représenté différemment par changement de base de $\mathbb{R}^3$ mais il reste invariant et garde sa signification physique. En d'autres termes les vecteurs (comme les vecteurs vitesse, déplacement, force) ne varient pas par changement de base et gardent la même magnitude, direction et sens, c'est leur représentation dans les différentes bases qui varie. Notons aussi que les composantes d'un vecteur (tenseur d'ordre 1) se transforment de manière spécifique lors des changements de coordonnées, ce qui garantit que les lois physiques restent les mêmes.

Tableau 5 : Grandeur physique vectorielle

Grandeur physique vectorielle	
Propriétés physiques	Magnitude, direction, sens
Outil mathématique de modélisation	Vecteur Tenseur d'ordre 1
Symbole	$\vec{\mathbf{v}}$
Représentation dans l'espace cartésien	Matrice d'ordre $\mathbf{3} \times \mathbf{1}$ $\begin{pmatrix} \mathbf{x_1} \\ \mathbf{x_2} \\ \mathbf{x_3} \end{pmatrix}$ Coordonnées du vecteur

5.5 Etat de contrainte

5.5.1 Introduction

L'état de contrainte en un point situé à l'intérieur du fluide est une grandeur physique qui décrit l'ensemble des forces surfaciques ponctuelles internes de contact (contraintes) qui agissent sur ce point. En mécanique des fluides, ces contraintes sont décomposées en deux composantes principales : la pression et la viscosité.

Bien que les vecteurs et les scalaires soient des outils puissants pour décrire de nombreuses quantités physiques, ils s'avèrent insuffisants, pour capturer la complexité de l'état de contrainte. Pour cela, il est nécessaire d'introduire le concept de tenseur d'ordre 2, capable de rendre compte des variations de contrainte dans différentes directions.

5.5.2 Analyse mésoscopique : définition de l'état de contrainte à l'échelle de la particule-fluide

Pour comprendre la notion d'état de contrainte, on se place d'abord, dans la description mésoscopique et on considère que la particule-fluide (Point matériel dans la description macroscopique) possède une forme sphérique dans la description mésoscopique (Figure ci-dessous). En chaque point $\mathbf{n_i}$ de la surface S de cette particule-fluide sphérique, on définit l'élément de surface **ds** entourant ce point $\mathbf{n_i}$ et le vecteur normal unitaire sortant $\vec{\mathbf{n}}_\mathbf{i}$ de **ds**. En général, la surface S possède une infinité de vecteur $\vec{\mathbf{n}}$, sur la figure, nous avons illustré cela avec seulement deux vecteurs $\vec{\mathbf{n}}_\mathbf{5}$ **et** $\vec{\mathbf{n}}_\mathbf{8}$.

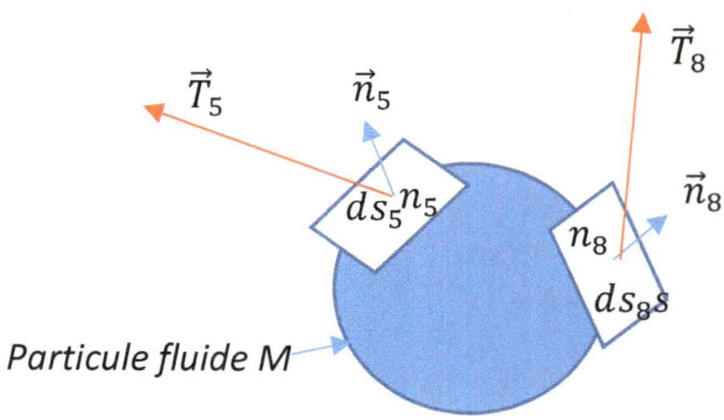

Figure 44 : Description mésoscopique d'une particule-fluide

Au repos, chaque particule-fluide subit l'action des forces surfaciques de contact de pression, mais pendant l'écoulement du fluide, chaque particule-fluide subit l'action des forces surfaciques de contact de pression et de viscosité appliquée par les particules-fluides qui l'entourent. Les forces surfaciques considérées, lors du mouvement du fluide, sont la force de pression et la force de viscosité.

Ces forces dépendent de l'orientation du vecteur unitaire $\vec{\mathbf{n}}_{\mathbf{i}}$ sortant de la surface S de la particule-fluide. En d'autres termes, la particule-fluide subit en chaque point $\mathbf{n_i}$ d'élément de surface **ds** de normale unitaire sortante $\vec{\mathbf{n}}_{\mathbf{i}}$ une force élémentaire de contact $\mathbf{d\vec{F}_i = \vec{T}_i(\vec{n}_i)\ ds}$ avec $\vec{\mathbf{T}}_{\mathbf{i}}$ le vecteur contrainte local en $\mathbf{n_i}$.

Sur la figure nous avons présenté seulement deux exemples en $\mathbf{n_5}$ **et** $\mathbf{n_8}$.

En $\mathbf{n_5}$: La surface infinitésimale $\mathbf{ds_5}$ qui entoure le point $\mathbf{n_5}$, et de normale unitaire sortante $\vec{\mathbf{n}}_{\mathbf{5}}$, subit l'action d'une force élémentaire de contact $\mathbf{d\vec{F}_5 = \vec{T}_5(\vec{n}_5)\ ds}$, et $\vec{\mathbf{T}}_{\mathbf{5}}(\vec{\mathbf{n}}_{\mathbf{5}})$ est le vecteur contrainte local en $\mathbf{n_5}$.

En $\mathbf{n_8}$: La surface infinitésimale $\mathbf{ds_8}$ qui entoure le point $\mathbf{n_8}$, et de normale unitaire sortante $\vec{\mathbf{n}}_{\mathbf{8}}$ subit l'action d'une force élémentaire de contact $\mathbf{d\vec{F}_8 = \vec{T}_8(\vec{n}_8)\ ds}$, et $\vec{\mathbf{T}}_{\mathbf{8}}(\vec{\mathbf{n}}_{\mathbf{8}})$ est le vecteur contrainte local en $\mathbf{n_8}$.

Ceci s'applique à tous les points constituant la surface de la particule-fluide.

Puisque en un point **M**, il existe une infinité de facettes d'orientation $\vec{\mathbf{n}}_{\mathbf{i}}$ différentes, donc pour représenter l'action des forces surfaciques de contact (l'état de contrainte), il faut représenter le champ vectoriel des vecteurs contrainte locaux $\vec{\mathbf{T}}_{\mathbf{i}}$ de contact ponctuel qui s'exerce sur tous les points $\mathbf{n_i}$ qui forment la surface S de la particule-fluide.

5.5.3 Remarque

En général, les vecteurs contrainte locaux $\vec{\mathbf{T}}_{\mathbf{i}}$ sont différents les uns des autres et dépendent de la normale $\vec{\mathbf{n}}_{\mathbf{i}}$ sortante de l'élément de surface $\mathbf{ds_i}$ sur lequel ils s'exercent.

5.5.4 Théorème de Cauchy

Le théorème de Cauchy est un concept fondamental en mécanique des milieux continus, il établit une relation de linéarité entre les vecteurs contraintes locaux $\vec{\mathbf{T}}_\mathbf{i}$ agissant sur les surfaces élémentaires $\mathbf{ds_i}$ d'orientations $\vec{\mathbf{n}}_\mathbf{i}$ et ces vecteurs unitaires $\vec{\mathbf{n}}_\mathbf{i}$. Cette relation de linéarité est démontrée en appliquant le principe fondamental de la dynamique à une particule-fluide en équilibre.

Mathématiquement, la relation de Cauchy se traduit par l'existence d'une application linéaire $\mathbf{L}$ de $\mathbb{R}^3$ **vers** $\mathbb{R}^3$ qui pour tout vecteur unitaire $\vec{\mathbf{n}}_\mathbf{i}$ **de** $\mathbb{R}^3$ fournit le vecteur contrainte $\vec{\mathbf{T}}_\mathbf{i}(\vec{\mathbf{n}}_\mathbf{i})$:

$$\mathbf{L} : \mathbb{R}^3 \rightarrow \mathbb{R}^3$$

$$(\vec{\mathbf{n}}_\mathbf{i}) \rightarrow \mathbf{L}(\vec{\mathbf{n}}_\mathbf{i}) = \vec{\mathbf{T}}_\mathbf{i}(\vec{\mathbf{n}}_\mathbf{i})$$

$\vec{\mathbf{T}}_\mathbf{i}(\vec{\mathbf{n}}_\mathbf{i})$: Le vecteur contrainte local en $\mathbf{n_i}$ d'élément de surface $\mathbf{ds_i}$ de normale unitaire $\vec{\mathbf{n}}_\mathbf{i}$.

Notons que cette application est linéaire c'est-à-dire elle vérifie la relation de linéarité :

$$\mathbf{T}(\alpha\,\vec{\mathbf{n}}_\mathbf{i} + \beta\,\vec{\mathbf{n}}_\mathbf{j}) = \alpha\mathbf{T}(\vec{\mathbf{n}}_\mathbf{i}) + \beta\mathbf{T}(\vec{\mathbf{n}}_\mathbf{j})$$

$$\forall\alpha \text{ et } \beta \text{ de } \mathbb{R} \text{ et } \forall\, \vec{\mathbf{n}}_\mathbf{i} \text{ et } \vec{\mathbf{n}}_\mathbf{j} \text{ de } \mathbb{R}^3$$

5.5.5 Détermination de la matrice des contraintes : une approche par les vecteurs de contrainte locaux

Cette application linéaire est un endomorphisme dans $\mathbb{R}^3$, elle est représentée dans l'espace euclidien par une matrice d'ordre $\mathbf{3 \times 3}$, nommée matrice des contraintes car elle transforme un vecteur $\vec{\mathbf{n}}_\mathbf{i}$ unitaire de l'espace vectoriel $\mathbb{R}^3$ à un autre vecteur $\vec{\mathbf{T}}_\mathbf{i}$ de l'espace vectoriel $\mathbb{R}^3$, $\vec{\mathbf{T}}_\mathbf{i}$ avec indique la contrainte local appliquée sur un élément de surface $\mathbf{ds}$ de normale unitaire $\vec{\mathbf{n}}_\mathbf{i}$.

Comme les vecteurs $\vec{\mathbf{n}}_\mathbf{i}$ peuvent avoir trois orientations indépendantes $\vec{\mathbf{x}}_\mathbf{1}, \vec{\mathbf{x}}_\mathbf{2}$ **et** $\vec{\mathbf{x}}_\mathbf{3}$ selon les axes $\mathbf{x_1}, \mathbf{x_2}$ **et** $\mathbf{x_3}$, alors cette matrice peut être constituée si nous connaissons les coordonnées des vecteurs de contrainte locaux $\vec{\mathbf{T}}_\mathbf{1}(\vec{\mathbf{x}}_\mathbf{1}), \vec{\mathbf{T}}_\mathbf{2}(\vec{\mathbf{x}}_\mathbf{2})$ **et** $\vec{\mathbf{T}}_\mathbf{3}(\vec{\mathbf{x}}_\mathbf{3})$.

$\vec{\mathbf{T}}_\mathbf{1}(\vec{\mathbf{x}}_\mathbf{1})$: vecteur contrainte local en $\mathbf{n_1}$ d'élément de surface $\mathbf{ds_1}$ de normale unitaire sortant $\vec{\mathbf{x}}_\mathbf{1}$.

$\vec{\mathbf{T}}_2(\vec{\mathbf{x}}_2)$: vecteur contrainte local en $\mathbf{n_2}$ d'élément de surface $\mathbf{ds_2}$ de normale unitaire sortant $\vec{\mathbf{x}}_2$.

$\vec{\mathbf{T}}_3(\vec{\mathbf{x}}_3)$: vecteur contrainte local en $\mathbf{n_3}$ d'élément de surface $\mathbf{ds_3}$ de normale unitaire sortant $\vec{\mathbf{x}}_3$.

$$\vec{\mathbf{T}}_1(\vec{\mathbf{x}}_1) = \boldsymbol{\sigma}_{11}\vec{\mathbf{x}}_1 + \boldsymbol{\sigma}_{21}\vec{\mathbf{x}}_2 + \boldsymbol{\sigma}_{31}\vec{\mathbf{x}}_3$$

$$\vec{\mathbf{T}}_2(\vec{\mathbf{x}}_2) = \boldsymbol{\sigma}_{12}\vec{\mathbf{x}}_1 + \boldsymbol{\sigma}_{22}\vec{\mathbf{x}}_2 + \boldsymbol{\sigma}_{32}\vec{\mathbf{x}}_3$$

$$\vec{\mathbf{T}}_3(\vec{\mathbf{x}}_3) = \boldsymbol{\sigma}_{13}\vec{\mathbf{x}}_1 + \boldsymbol{\sigma}_{23}\vec{\mathbf{x}}_2 + \boldsymbol{\sigma}_{33}\vec{\mathbf{x}}_3$$

Cette matrice des contraintes est représentée dans la base de l'espace vectoriel $\mathbb{R}^3$par ces éléments $\boldsymbol{\sigma}_{ij}$, de la manière suivante :

$$\begin{pmatrix} \boldsymbol{\sigma}_{11} & \boldsymbol{\sigma}_{12} & \boldsymbol{\sigma}_{13} \\ \boldsymbol{\sigma}_{21} & \boldsymbol{\sigma}_{22} & \boldsymbol{\sigma}_{23} \\ \boldsymbol{\sigma}_{31} & \boldsymbol{\sigma}_{32} & \boldsymbol{\sigma}_{33} \end{pmatrix}$$

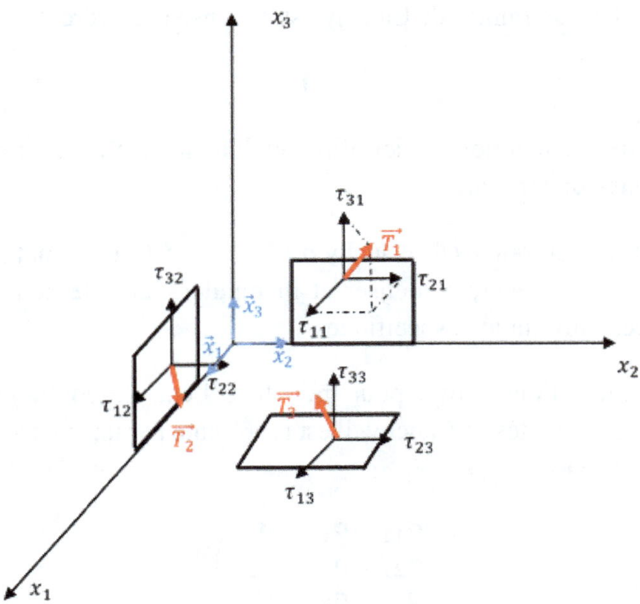

On peut remarquer qu'à travers cette application linéaire représentée par cette matrice des contraintes, nous pouvons savoir le vecteur contrainte locale appliqué sur l'élément de surface $\mathbf{ds}$ de normale unitaire sortant $\vec{\mathbf{n}}_\mathbf{i}$ de coordonnée $(\mathbf{n_{i1}}, \mathbf{n_{i2}}, \mathbf{n_{i3}})$ dans la base $(\vec{\mathbf{x}}_1, \vec{\mathbf{x}}_2, \vec{\mathbf{x}}_3)$, comme suite :

$$\mathbf{T_i(\vec{n}_i)} = \begin{pmatrix} \sigma_{11} & \sigma_{12} & \sigma_{13} \\ \sigma_{21} & \sigma_{22} & \sigma_{23} \\ \sigma_{31} & \sigma_{32} & \sigma_{33} \end{pmatrix} . \begin{pmatrix} n_{1i} \\ n_{2i} \\ n_{3i} \end{pmatrix} = \begin{pmatrix} T_{1i} \\ T_{2i} \\ T_{3i} \end{pmatrix}$$

5.5.6 Modélisation de l'état de contrainte par le tenseur des contraintes de Cauchy

Le tenseur des contraintes de Cauchy, noté $\boldsymbol{\sigma}$, est l'application linéaire de $\mathbb{R}^3$ **vers** $\mathbb{R}^3$ (endomorphisme), qui pour tout vecteur unitaire $\vec{\mathbf{n}}$ **de** $\mathbb{R}^3$, normal à l'élément de surface **ds**, fournit le vecteur contrainte local $\vec{\mathbf{T}}(\vec{\mathbf{n}})$ appliqué sur **ds** :

$$\boldsymbol{\sigma} : \mathbb{R}^3 \rightarrow \mathbb{R}^3$$

$$(\vec{\mathbf{n}}) \rightarrow \boldsymbol{\sigma}(\vec{\mathbf{n}}) = \vec{\mathbf{T}}(\vec{\mathbf{n}})$$

$\vec{\mathbf{T}}(\vec{\mathbf{n}})$: Le vecteur contrainte local appliquée sur d'élément de surface **ds** de normale unitaire $\vec{\mathbf{n}}$.

Le tenseur des contraintes de Cauchy est un tenseur d'ordre 2 :

$$\boldsymbol{\sigma} = \mathbf{T}^2$$

Cette égalité est mentionnée ici afin d'établir un lien avec la définition mathématique du tenseur.

Le tenseur des contraintes de Cauchy $\boldsymbol{\sigma}$ d'ordre 2 est l'outil mathématique utilisé pour représenter, modéliser et manipuler l'état de contrainte, en intégrant ces informations spécifiques.

L'outil mathématique utilisé pour modéliser l'état de contrainte est Le tenseur des contraintes de Cauchy, il est représenté par une matrice d'ordre $\mathbf{3 \times 3}$ dans la base $(\vec{\mathbf{x}}_1, \vec{\mathbf{x}}_2, \vec{\mathbf{x}}_3)$:

$$\begin{pmatrix} \sigma_{11} & \sigma_{12} & \sigma_{13} \\ \sigma_{21} & \sigma_{22} & \sigma_{23} \\ \sigma_{31} & \sigma_{32} & \sigma_{33} \end{pmatrix}$$

L'état de contrainte peut être décrite complétement, dans la base $(\vec{\mathbf{x}}_1, \vec{\mathbf{x}}_2, \vec{\mathbf{x}}_3)$ par la matrice des contraintes $\boldsymbol{\sigma}_{ij}$.

On peut définir aussi, le tenseur des contraintes de Cauchy $\boldsymbol{\sigma}$ comme étant une application bilinéaire.

En tout point d'un domaine fluide, il est possible de définir le tenseur de contrainte de Cauchy. Ce tenseur capture intégralement l'état des forces internes agissant sur toute surface infinitésimale passant par ce point.

5.5.7 Symétrie du tenseur des contraintes de Cauchy

Le tenseur des contraintes de Cauchy $\boldsymbol{\sigma}$ est un tenseur symétrique, cette propriété peut être démontrée en appliquant le théorème de conservation du moment angulaire à une particule-fluide en équilibre :

$$\boldsymbol{\sigma}_{ij} = \boldsymbol{\sigma}_{ij}{}^{T} = \boldsymbol{\sigma}_{ji} \rightarrow \begin{cases} \boldsymbol{\sigma}_{12} = \boldsymbol{\sigma}_{21} \\ \boldsymbol{\sigma}_{13} = \boldsymbol{\sigma}_{31} \\ \boldsymbol{\sigma}_{23} = \boldsymbol{\sigma}_{23} \end{cases}$$

$\boldsymbol{\sigma}_{ij}{}^{T}$: les éléments de la transposée la matrice des contraintes.

5.5.8 Décomposition du tenseur des contraintes de Cauchy

En mécanique des fluides, le tenseur des contraintes $\boldsymbol{\sigma}$ en un point donné d'un fluide décrit les forces internes agissant sur les différentes faces d'un élément de volume infinitésimal autour de ce point. Il est fondamental de pouvoir décomposer ce tenseur en deux parties physiquement distinctes : le tenseur de pression et le tenseur des contraintes visqueuses. Cette décomposition est basée sur quatre conditions :

1-Chacune des contraintes normales $\boldsymbol{\sigma}_{11}, \boldsymbol{\sigma}_{22}$ **et** $\boldsymbol{\sigma}_{33}$ est exactement égale et opposée en signe à la pression lorsque le gradient de vitesse est nul (fluide au repos)

$$\boldsymbol{\sigma}_{11} = \boldsymbol{\sigma}_{22} = \boldsymbol{\sigma}_{33} = -\mathbf{P}$$

2-La rotation d'un fluide à la manière de la rotation d'un solide indéformable implique la disparition de contrainte tangentielle entre les couches fluides.

3-La relation entre contrainte et le taux de déformation est linéaire.

4-Le fluide est isotrope

Cette décomposition s'écrit généralement comme suit :

$$\boldsymbol{\sigma} = -\mathbf{PI} + \boldsymbol{\tau}$$

$$\boldsymbol{\sigma}_{ij} = -\mathbf{P}.\boldsymbol{\delta}_{ij} + \boldsymbol{\tau}_{ij}$$

$$\begin{pmatrix} \sigma_{11} & \sigma_{12} & \sigma_{13} \\ \sigma_{21} & \sigma_{22} & \sigma_{23} \\ \sigma_{31} & \sigma_{32} & \sigma_{33} \end{pmatrix} = -\mathbf{P}\begin{pmatrix} 1 & 0 & 0 \\ 0 & 1 & 0 \\ 0 & 0 & 1 \end{pmatrix} + \begin{pmatrix} \tau_{11} & \tau_{12} & \tau_{13} \\ \tau_{21} & \tau_{22} & \tau_{23} \\ \tau_{31} & \tau_{32} & \tau_{33} \end{pmatrix}$$

$\boldsymbol{\sigma}$: Tenseur des contraintes de Cauchy.

P : Pression

I : Tenseur identité représenté par une matrice $\mathbf{3 \times 3}$ diagonale avec des 1 sur la diagonale.

$-\mathbf{PI}$: représente le tenseur de pression. Il s'agit d'un tenseur isotrope, ce qui signifie qu'il a la même valeur dans toutes les directions. Il traduit les forces normales de compression (pression positive) exercées par le fluide. Le signe négatif vient de la convention où une contrainte de compression est généralement considérée comme négative dans le tenseur des contraintes.

$\boldsymbol{\tau}$: tenseur des contraintes visqueuses (ou tenseur déviateur des contraintes). Il représente la partie du tenseur des contraintes qui est due aux frottements internes ou à la viscosité du fluide. Contrairement au tenseur de pression, le tenseur des contraintes visqueuses est responsable des contraintes tangentielles (de cisaillement) et de la partie déviatorique des contraintes normales (c'est-à-dire la partie des contraintes normales qui s'écarte de la pression hydrostatique).

Cette décomposition est cruciale car elle permet de séparer les effets de la pression (un concept fondamental en thermodynamique et en statique des fluides) des effets de la viscosité (qui sont intrinsèquement liés au mouvement du fluide). Elle est à la base de la formulation des équations de Navier-Stokes, qui décrivent le mouvement des fluides visqueux newtoniens. La relation constitutive qui lie le tenseur des contraintes visqueuses au tenseur des taux de déformation dépend du modèle de fluide considéré (newtonien, non-newtonien).

5.5.9 Tenseur gradient de vitesse

Dans un écoulement de champ de vitesse $\vec{\mathbf{U}}$, le tenseur gradient de vitesse **D** est un tenseur d'ordre 2 qui décrit la variation spatiale de la vitesse d'un fluide. Il contient les dérivées partielles des composantes de la vitesse par rapport aux coordonnées spatiales et il s'écrit dans la base $(\vec{\mathbf{x}}_1, \vec{\mathbf{x}}_2, \vec{\mathbf{x}}_3)$ comme suite :

$$\mathbf{D}_{ij} = \frac{\partial \mathbf{U}_i}{\partial \mathbf{x}_j}$$

$$\mathbf{D}_{ij} = \begin{pmatrix} \frac{\partial U_1}{\partial x_1} & \frac{\partial U_1}{\partial x_2} & \frac{\partial U_1}{\partial x_3} \\ \frac{\partial U_2}{\partial x_1} & \frac{\partial U_2}{\partial x_2} & \frac{\partial U_2}{\partial x_3} \\ \frac{\partial U_3}{\partial x_1} & \frac{\partial U_3}{\partial x_2} & \frac{\partial U_3}{\partial x_3} \end{pmatrix}$$

le tenseur gradient de vitesse **D** peut être vu comme une application bilinéaire de $\mathbb{R}^3 \times \mathbb{R}^3 \rightarrow \mathbb{R}$ qui prend deux vecteurs en entrée $\vec{\mathbf{v}}, \vec{\mathbf{w}} \in \mathbb{R}^3$et renvoie un scalaire $\boldsymbol{\alpha} \in \mathbb{R}$ et qui vérifie les conditions de linéarité :

$$\mathbf{D} : \mathbb{R}^3 \times \mathbb{R}^3 \rightarrow \mathbb{R}$$

$$(\vec{\mathbf{v}}, \vec{\mathbf{w}}) \rightarrow \boldsymbol{\alpha} = \mathbf{D}\,(\vec{\mathbf{v}}, \vec{\mathbf{w}})$$

$\vec{\mathbf{v}}$: Un vecteur représentant une direction dans le fluide.

$\vec{\mathbf{w}}$: Un autre vecteur représentant une direction dans laquelle nous mesurons la variation de la vitesse.

$\boldsymbol{\alpha}$: Un scalaire représentant la variation de la vitesse suivant la direction $\vec{\mathbf{w}}$, le long de la première direction $\vec{\mathbf{v}}$, c'est à dire la projection de la variation de la vitesse selon la direction $\vec{\mathbf{w}}$ sur la direction $\vec{\mathbf{v}}$.

Par exemple la variation de la vitesse suivant la direction $(\mathbf{0}, \mathbf{1}, \mathbf{0})$, le long de la direction $(\mathbf{1}, \mathbf{0}, \mathbf{0})$ est le scalaire $\partial \mathbf{U}_2 / \partial \mathbf{x}_1$.

$$\begin{pmatrix} \frac{\partial U_1}{\partial x_1} & \frac{\partial U_1}{\partial x_2} & \frac{\partial U_1}{\partial x_3} \\ \frac{\partial U_2}{\partial x_1} & \frac{\partial U_2}{\partial x_2} & \frac{\partial U_2}{\partial x_3} \\ \frac{\partial U_3}{\partial x_1} & \frac{\partial U_3}{\partial x_2} & \frac{\partial U_3}{\partial x_3} \end{pmatrix} \cdot \begin{pmatrix} 1 \\ 0 \\ 0 \end{pmatrix} \cdot \begin{pmatrix} 0 \\ 1 \\ 0 \end{pmatrix} = \frac{\partial U_2}{\partial x_1}$$

5.5.10 Décomposition du tenseur gradient de vitesse

Tenseur gradient de vitesse **D** peut être décomposé en deux tenseurs symétrique **S** et antisymétrique **Ω** :

$$\mathbf{D} = \mathbf{S} + \boldsymbol{\Omega}$$

$$\mathbf{D}_{ij} = \mathbf{S}_{ij} + \boldsymbol{\Omega}_{ij}$$

S est le tenseur des taux de déformation, il caractérise les déformations du fluide :

$$S_{ij} = \frac{1}{2}\left(\frac{\partial U_i}{\partial x_j} + \frac{\partial U_j}{\partial x_i}\right)$$

$$S_{ij} = \begin{pmatrix} \frac{\partial U_1}{\partial x_1} & \frac{1}{2}\left(\frac{\partial U_1}{\partial x_2} + \frac{\partial U_2}{\partial x_1}\right) & \frac{1}{2}\left(\frac{\partial U_1}{\partial x_3} + \frac{\partial U_3}{\partial x_1}\right) \\ \frac{1}{2}\left(\frac{\partial U_1}{\partial x_2} + \frac{\partial U_2}{\partial x_1}\right) & \frac{\partial U_2}{\partial x_2} & \frac{1}{2}\left(\frac{\partial U_2}{\partial x_3} + \frac{\partial U_3}{\partial x_2}\right) \\ \frac{1}{2}\left(\frac{\partial U_1}{\partial x_3} + \frac{\partial U_3}{\partial x_1}\right) & \frac{1}{2}\left(\frac{\partial U_2}{\partial x_3} + \frac{\partial U_3}{\partial x_2}\right) & \frac{\partial U_3}{\partial x_3} \end{pmatrix}$$

Ω est le tenseur des taux de rotation, il caractérise la rotation d'un fluide :

$$\Omega_{ij} = \frac{1}{2}\left(\frac{\partial u_i}{\partial x_j} - \frac{\partial u_j}{\partial x_i}\right)$$

$$\Omega_{ij} = \begin{pmatrix} 0 & \frac{1}{2}\left(\frac{\partial U_1}{\partial x_2} - \frac{\partial U_2}{\partial x_1}\right) & \frac{1}{2}\left(\frac{\partial U_1}{\partial x_3} - \frac{\partial U_3}{\partial x_1}\right) \\ \frac{-1}{2}\left(\frac{\partial U_1}{\partial x_2} - \frac{\partial U_2}{\partial x_1}\right) & 0 & \frac{1}{2}\left(\frac{\partial U_2}{\partial x_3} - \frac{\partial U_3}{\partial x_2}\right) \\ \frac{-1}{2}\left(\frac{\partial U_1}{\partial x_3} - \frac{\partial U_3}{\partial x_1}\right) & \frac{-1}{2}\left(\frac{\partial U_2}{\partial x_3} - \frac{\partial U_3}{\partial x_2}\right) & 0 \end{pmatrix}$$

5.5.11 Modélisation des contraintes visqueuses dans le cas d'un fluide Newtonien incompressible

Pour un fluide newtonien incompressible, le tenseur des contraintes visqueuses est directement proportionnel au tenseur des taux de déformation, avec le coefficient de viscosité dynamique comme constante de proportionnalité :

$$\boldsymbol{\tau} = 2\mu\mathbf{S} \qquad \tau_{ij} = 2\mu S_{ij}$$

$$\begin{pmatrix} \tau_{11} & \tau_{12} & \tau_{13} \\ \tau_{21} & \tau_{22} & \tau_{23} \\ \tau_{31} & \tau_{32} & \tau_{33} \end{pmatrix} = 2\mu \begin{pmatrix} \frac{\partial U_1}{\partial x_1} & \frac{1}{2}\left(\frac{\partial U_1}{\partial x_2} + \frac{\partial U_2}{\partial x_1}\right) & \frac{1}{2}\left(\frac{\partial U_1}{\partial x_3} + \frac{\partial U_3}{\partial x_1}\right) \\ \frac{1}{2}\left(\frac{\partial U_1}{\partial x_2} + \frac{\partial U_2}{\partial x_1}\right) & \frac{\partial U_2}{\partial x_2} & \frac{1}{2}\left(\frac{\partial U_2}{\partial x_3} + \frac{\partial U_3}{\partial x_2}\right) \\ \frac{1}{2}\left(\frac{\partial U_1}{\partial x_3} + \frac{\partial U_3}{\partial x_1}\right) & \frac{1}{2}\left(\frac{\partial U_2}{\partial x_3} + \frac{\partial U_3}{\partial x_2}\right) & \frac{\partial U_3}{\partial x_3} \end{pmatrix}$$

$\boldsymbol{\mu}$: Coefficient de viscosité dynamique

Cette relation est fondamentale pour la dérivation et l'analyse des équations de Navier-Stokes pour ce type de fluide.

5.5.12 Coefficient de Viscosité : Description Détaillée

Le coefficient de viscosité est une propriété fondamentale des fluides qui quantifie leur résistance à l'écoulement. Il existe deux façons principales de l'exprimer : la viscosité dynamique et la viscosité cinématique.

1. La viscosité dynamique, souvent représentée par la lettre grecque $\boldsymbol{\mu}$, mesure la force interne de frottement qu'un fluide exerce lorsqu'il est soumis à une contrainte de cisaillement. En termes simples, elle indique la "résistance" du fluide à s'écouler sous l'effet d'une force. Un fluide avec une viscosité dynamique élevée (comme le miel) nécessitera une force importante pour être mis en mouvement, tandis qu'un fluide avec une faible viscosité dynamique (comme l'eau) s'écoulera plus facilement. L'unité de la viscosité dynamique dans le Système International d'Unités (SI) est le pascal-seconde ($\mathbf{Pa.s}$).

2. La viscosité cinématique, souvent représentée par la lettre grecque $\boldsymbol{\vartheta}$, est le rapport de la viscosité dynamique $\boldsymbol{\mu}$ à la masse volumique $\boldsymbol{\rho}$ du fluide. La viscosité cinématique prend en compte à la fois la résistance interne du fluide à l'écoulement (viscosité dynamique) et son inertie (masse volumique). Elle est particulièrement utile dans les situations où les forces visqueuses et les forces d'inertie sont toutes deux importantes, comme dans les écoulements turbulents. L'unité de la viscosité cinématique dans le Système International d'Unités (SI) est le mètre carré par seconde ($\mathbf{m^2/s}$).

Les valeurs de la viscosité pour l'eau et l'air (à température ambiante, approximativement 20°C), sont :

$$\boldsymbol{\mu_{eau} = 1.10^{-3}\ Pa.s}$$

$$\boldsymbol{\vartheta_{eau} = 1.10^{-6}\ m^2/s}$$

$$\boldsymbol{\mu_{air} = 1.8\ 10^{-5}\ Pa.s}$$

$$\boldsymbol{\vartheta_{air} = 1.5\ 10^{-5}\ m^2/s}$$

Chapitre 4 : Dynamique des fluides

1 Introduction

Ce chapitre marque une étape cruciale dans notre étude. Nous allons établir les équations fondamentales qui régissent le mouvement des fluides visqueux et incompressibles, connues sous le nom d'équations de Navier-Stokes. Ces équations, d'une importance capitale en mécanique des fluides, sont l'expression des lois de conservation fondamentales de la physique – la conservation de la masse et la conservation de la quantité de mouvement – appliquées à un élément de fluide en mouvement.

Notre démarche consistera à appliquer les principes de la mécanique newtonienne à un volume de contrôle fluide. Nous examinerons les forces qui agissent sur cet élément, qu'il s'agisse des forces de pression, des forces visqueuses dues aux frottements internes, ou des forces externes telles que la gravité. En établissant le bilan des forces et en utilisant la deuxième loi de Newton, nous serons en mesure de dériver l'équation de conservation de la quantité de mouvement.

Parallèlement, pour un fluide incompressible, nous formulerons l'équation de conservation de la masse, qui stipule que la masse volumique d'un élément fluide reste constante au cours de son mouvement. La combinaison de ces deux équations – la conservation de la quantité de mouvement et la conservation de la masse – constitue le système d'équations de Navier-Stokes pour un fluide incompressible.

2 Equation de continuité ou de conservation de la masse

2.1 Approche conceptuelle

L'équation de continuité exprime le principe fondamental selon lequel la masse d'un fluide se conserve au cours de son écoulement. Pour un fluide incompressible, cette conservation se traduit par une divergence nulle du champ de vitesse, ce qui signifie qu'il n'y a ni accumulation ni perte de matière dans tout élément de volume du fluide.

2.2 Méthodologie de la dérivation

La démarche utilisée pour établir l'équation de continuité, consiste à définir un volume de contrôle dans un fluide en écoulement, puis à appliquer le principe de conservation de la masse à ce volume de contrôle, en le suivant dans son mouvement pendant un intervalle de temps **dt**.

2.3 Volume de contrôle

Un volume de contrôle **v** est un volume élémentaire du fluide entouré d'une surface de contrôle **s** :

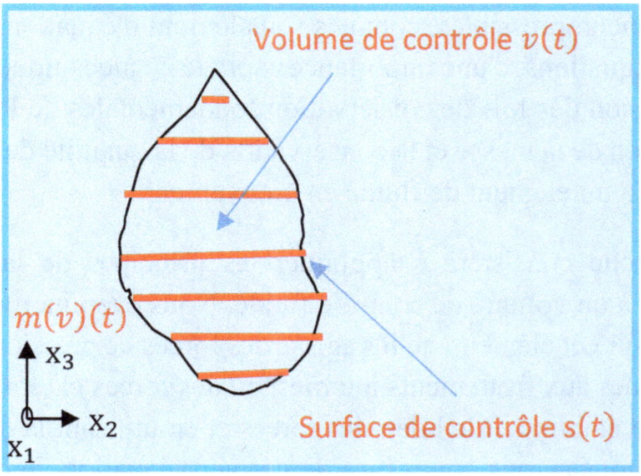

Figure 45 : Volume et surface de contrôle

2.4 La masse du volume de contrôle

La masse contenue dans le volume de contrôle **v** :

$$\mathbf{m(v)(t)} = \oiiint_{\mathbf{v}} \boldsymbol{\rho}.\mathbf{dv}$$

2.5 Mouvement du volume de contrôle

Lors de l'écoulement du fluide, la masse contenue dans le volume de contrôle **v** (rouge) à l'instant **t** coulera continûment et occupera un nouveau volume $\tilde{\mathbf{v}}$ (vert) à l'instant $\mathbf{t + dt}$. Entre les instants **t** et $\mathbf{t + dt}$ les particules qui compose le volume rouge **v** à l'instant t, occuperont le volume vert $\tilde{\mathbf{v}}$ à l'instant $\mathbf{t + dt}$.

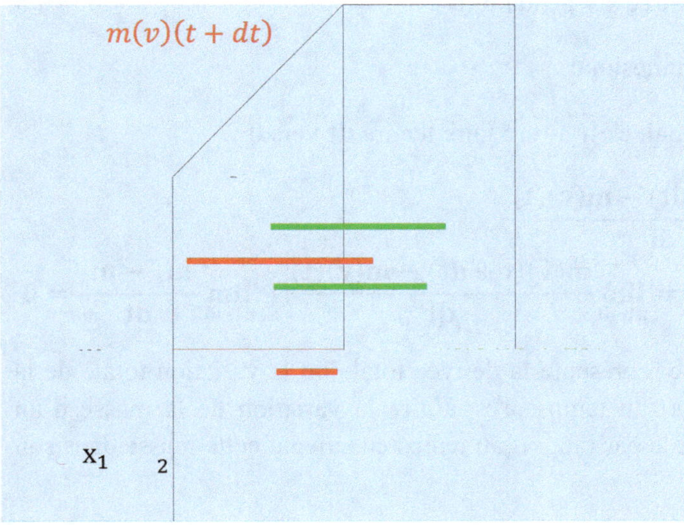

Figure 46 : Volume de contrôle en mouvement

2.6 Principe de conservation de la masse

Ce principe stipule que la masse à l'intérieur du volume de contrôle de fluide en mouvement est conservée, ce qui signifie qu'elle ne peut être créée ni détruite, mais seulement se déplacer.

La masse contenue dans le volume de contrôle **v** (rouge) à l'instant t est égale à la masse contenue dans le volume $\tilde{\mathbf{v}}$ (vert) à l'instant $\mathbf{t + dt}$:

$$\mathbf{m(\tilde{v})(t + dt) - m(v)(t) = 0}$$

2.7 Analyse géométrique

Géométriquement, on peut montrer que :

$$\mathbf{m(\tilde{v})(t + dt) - m(v)(t) = m(v)(t + dt) - m(v)(t) + m_1 - m_3}$$

$\mathbf{m(\tilde{v})(t + dt)}$: La masse contenue dans $\tilde{\mathbf{v}}$ à l'instant $\mathbf{t + dt}$

$\mathbf{m(v)(t + dt)}$: La masse contenue dans **v** à l'instant $\mathbf{t + dt}$

$\mathbf{m(v)(t)}$: La masse contenue dans **v** à l'instant **t**

$\mathbf{m_1}$: La masse sortie de **v** pendant **dt**

$\mathbf{m_3}$: La masse entrée à **v** pendant **dt**

2.8 Calcul infinitésimal

Calcul infinitésimal, c'est-à-dire faire tendre **dt** vers 0 :

$$\lim_{dt\to 0}\frac{m(\tilde{v})(t+dt)-m(v)(t)}{dt} = \lim_{dt\to 0}\frac{m(v)(t+dt)-m(v)(t)}{dt} + \lim_{dt\to 0}\frac{m_1-m_2}{dt} = 0$$

Le premier terme représente la dérivée totale ou la variation totale de la masse par rapport au temps, c'est-à-dire la variation de la masse d'un volume de contrôle par rapport au temps en suivant cette masse dans son mouvement :

$$\lim_{dt\to 0}\frac{m(\tilde{v})(t+dt)-m(v)(t)}{dt} = \frac{dm(v)(t)}{dt} = 0$$

Le deuxième terme représente la dérivée ou la variation locale de la masse d'un volume de contrôle fixe **v** dans le temps, c'est-à-dire la variation de la masse dans un volume fixe en fonction du temps :

$$\lim_{dt\to 0}\frac{m(v)(t+dt)-m(v)(t)}{dt} = \frac{\partial m(v)(t)}{\partial t} = \oiiint_v \frac{\partial \rho(x_1,x_2,x_3,t)}{\partial t}.dv$$

Le deuxième terme est appelé aussi la dérivée partielle de la masse par rapport au temps.

Le troisième terme

Le dernier terme est tout simplement le débit massique instantané à travers la surface fermée **s** du volume **v** :

$$\lim_{dt\to 0}\frac{m_1-m_2}{dt} = Q(v)(t) = \oiint_s \rho.\vec{U}.\vec{n}.ds$$

2.9 Théorème de la divergence (Théorème d'Ostrogradsky-Green)

Soit $\vec{\mathbf{V}}$ un champ vectoriel et soit **v** un volume de l'espace, délimité par sa surface fermée **s**, alors :

$$\oiint_{s} \vec{V}.\vec{n}\, ds = \iiint_{v} \vec{\nabla}(\vec{V})\, dv$$

Le flux d'un champ de vecteurs à travers une surface fermée est égal à l'intégrale triple de sa divergence sur le volume intérieur de cette surface.

2.10 Equation de continuité

Le théorème de la divergence permet de transformer une intégrale de surface (le flux) en une intégrale de volume (la divergence), et vice versa.

Comme la surface est fermée, appliquons le théorème de la divergence au troisième terme :

$$\oiint_{s} \rho\, \vec{U}\, \vec{n}\, ds = \iiint_{v} \vec{\nabla}(\rho\, \vec{U})\, dv$$

En fin nous obtenons :

$$\oiiint_{v} \frac{\partial \rho}{\partial t}.\, dv + \iiint_{v} \vec{\nabla}(\rho\, \vec{U})\, dv = 0$$

$$\frac{\partial \rho}{\partial t} + \vec{\nabla}.(\rho.\vec{U}) = 0$$

Nous obtenons finalement l'équation scalaire de de conservation de la masse ou de continuité, elle peut être exprimée de multiples façons, en utilisant des notations différentes :

$$\frac{\partial \rho}{\partial t} + \vec{\nabla}.(\rho.\vec{U}) = 0$$

$$\frac{\partial \rho}{\partial t} + \overrightarrow{div}(\rho.\vec{U}) = 0$$

$$\frac{\partial \rho}{\partial t} + \frac{\partial(\rho.U_j)}{\partial x_j} = 0 \;\; j = 1, 2, 3$$

L'équation de continuité exprime la conservation de la masse à travers deux composantes : un terme temporel qui quantifie la variation de la masse volumique en un point donné au fil du temps, et un terme advectif décrivant le transport de la masse volumique par l'écoulement.

Si le fluide est incompressible $\boldsymbol{\rho = \mathbf{cst}}$ alors l'équation de continuité se réduit à :

$$\vec{\nabla}.\left(\vec{U}\right) = 0$$

$$\overrightarrow{div}\left(\vec{U}\right) = 0$$

$$\frac{\partial U_j}{\partial x_j} = 0 \ ; \ j = 1, 2, 3$$

3 Equation de conservation de la quantité de mouvement

3.1 Démarche suivie

La démarche suit une approche similaire à celle utilisée pour l'équation de continuité, mais appliquée à la quantité de mouvement plutôt qu'à la masse seule. La démarche utilisée pour établir l'équation de conservation de la quantité de mouvement est de définir un volume de contrôle dans un fluide en écoulement puis appliquer le principe fondamental de la dynamique à ce volume de contrôle, en le suivant dans son mouvement pendant un intervalle du temps **dt**.

3.2 Quantité de mouvement d'une particule-fluide

La quantité de mouvement $\vec{I}(M)$ d'une particule-fluide en mouvement est égale à sa masse multipliée par sa vitesse :

$$\vec{I}(M) = m(M).\vec{U}(M) = \rho(M).\vec{U}(M)dv$$

3.3 Quantité de mouvement d'un volume de contrôle

La quantité de mouvement d'un volume de contrôle $\vec{I}(v)(t)$ est égale à la somme des quantités de mouvement de toutes les particules qui le composent.

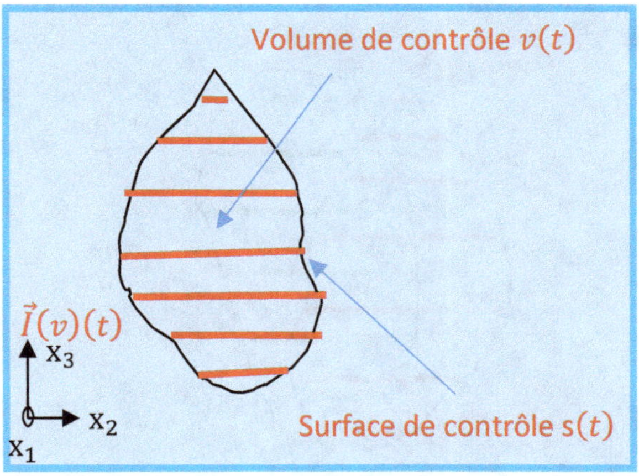

Figure 47 : Quantité de mouvement d'un volume de contrôle

Dans le cas d'un fluide, qui est un milieu continu, cette somme discrète peut être transformée en une intégrale continue :

$$\vec{\mathbf{I}}(\mathbf{v})(\mathbf{t}) = \sum_{\mathbf{i}=1}^{\mathbf{N}} \boldsymbol{\rho}(\mathbf{M_i}).\vec{\mathbf{U}}(\mathbf{M_i})\mathbf{dv_i} = \oiiint_{\mathbf{v}} \boldsymbol{\rho}.\vec{\mathbf{U}}.\mathbf{dv}$$

3.4 Méthodologie de la dérivation

La masse contenue dans le volume de contrôle **v** (rouge) à l'instant **t** coulera continûment et occupera un nouveau volume $\tilde{\mathbf{v}}$ (vert) à l'instant $\mathbf{t+dt}$. Donc la variation de la quantité de mouvement du volume de contrôle entre les instants $\mathbf{t}$ **et** $\mathbf{t+dt}$ est égale à :

$$\vec{\mathbf{I}}(\tilde{\mathbf{v}})(\mathbf{t+dt}) - \vec{\mathbf{I}}(\mathbf{v})(\mathbf{t})$$

3.5 Analyse géométrique

$$\vec{\mathbf{I}}(\tilde{\mathbf{v}})(\mathbf{t+dt}) - \vec{\mathbf{I}}(\mathbf{v})(\mathbf{t}) = \vec{\mathbf{I}}(\mathbf{v})(\mathbf{t+dt}) - \vec{\mathbf{I}}(\mathbf{v})(\mathbf{t}) + \vec{\mathbf{I}}_1 - \vec{\mathbf{I}}_2$$

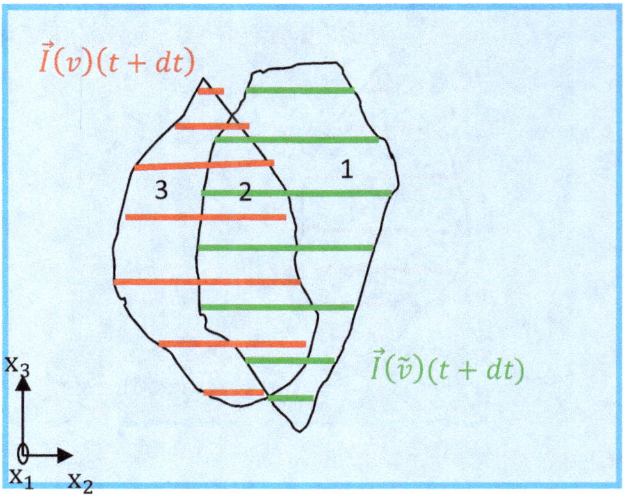

Figure 48 : Quantité de mouvement d'un volume de contrôle en mouvement

$\vec{\mathbf{I}}(\tilde{\mathbf{v}})(\mathbf{t} + \mathbf{dt})$: La quantité de mouvement de la masse contenue dans $\tilde{\mathbf{v}}$ à l'instant $\mathbf{t} + \mathbf{dt}$

$\vec{\mathbf{I}}(\mathbf{v})(\mathbf{t} + \mathbf{dt})$: La quantité de mouvement de la masse contenue dans **v** à l'instant $\mathbf{t} + \mathbf{dt}$

$\vec{\mathbf{I}}(\mathbf{v})(\mathbf{t})$: La quantité de mouvement de la masse contenue dans **v** à l'instant **t**

$\vec{\mathbf{I}}_1$: La quantité de mouvement de la masse sortie de **v** pendant **dt**

$\vec{\mathbf{I}}_3$: La quantité de mouvement de la masse entrée à **v** pendant **dt**

3.6 Principe fondamental de la dynamique

La variation totale de la quantité de mouvement du volume **v** par rapport au temps est égale à la somme des forces appliquées sur le volume **v**.

$$\frac{\mathbf{D}\vec{\mathbf{I}}(\mathbf{v})(\mathbf{t})}{\mathbf{Dt}} = \sum \vec{\mathbf{F}}(\mathbf{v})(\mathbf{t})$$

3.7 La dérivée totale de la quantité de mouvement du volume

$$\frac{\mathbf{D\vec{I}(v)(t)}}{\mathbf{Dt}} = \lim_{dt \to 0} \frac{\mathbf{\vec{I}(\tilde{v})(t + dt) - \vec{I}(v)(t)}}{\mathbf{dt}}$$

$$= \lim_{dt \to 0} \frac{\mathbf{\vec{I}(v)(t + dt) - \vec{I}(v)(t)}}{\mathbf{dt}} + \lim_{dt \to 0} \frac{\mathbf{\vec{I}_1 - \vec{I}_2}}{\mathbf{dt}}$$

Le premier terme représente la dérivée partielle de la quantité de mouvement du volume **v** par rapport au temps **t** :

$$\lim_{dt \to 0} \frac{\mathbf{\vec{I}(v)(t + dt) - \vec{I}(v)(t)}}{\mathbf{dt}} = \frac{\mathbf{\partial \vec{I}(v)}}{\mathbf{\partial t}} = \oiiint_{v} \frac{\mathbf{\partial \rho . \vec{U}}}{\mathbf{\partial t}} \mathbf{dv}$$

Le second terme est tout simplement la quantité de mouvement du débit de instantané à travers la surface fermée **s** du volume **v** :

$$\lim_{\Delta t \to 0} \frac{\mathbf{\vec{I}_1 - \vec{I}_3}}{\mathbf{\Delta t}} = \mathbf{Q(\vec{I})(v)} = \oiint_{s} \mathbf{\rho . \vec{U} . (\vec{U} . \vec{n}) . ds}$$

Comme la surface est fermée, nous projetons ce terme sur les trois axes et nous utilisons le théorème de la divergence :

Suivant $\mathbf{x_1}$:

$$\oiint_{s} \mathbf{\rho . \vec{U} . \vec{n} . u_1 . ds} = \iiint_{v} \mathbf{div\left(\rho\, u_1 . \vec{U}\right) dv}$$

Suivant $\mathbf{x_2}$:

$$\oiint_{s} \mathbf{\rho . \vec{U} . \vec{n} . u_2 . ds} = \iiint_{v} \mathbf{div\left(\rho\, u_2 . \vec{U}\right) dv}$$

Suivant $\mathbf{x_3}$:

$$\oiint_{s} \mathbf{\rho . \vec{U} . \vec{n} . u_3 . ds} = \iiint_{v} \mathbf{div\left(\rho\, u_3 . \vec{U}\right) dv}$$

On obtient :

$$\oiint_{s} \mathbf{\rho . \vec{U} . \vec{n} . \vec{U} . ds} = \iiint_{v} \mathbf{div\,(\rho\, \vec{U}) . \vec{U}\, dv}$$

Nous obtenons finalem :

$$\frac{\mathbf{D\vec{I}(v)(t)}}{\mathbf{Dt}} = \oiiint_{v} \frac{\partial \rho \vec{U}}{\partial t} \mathbf{dv} + \iiint_{v} \mathbf{div}\,(\rho\,\vec{U}).\vec{U}\mathbf{dv}$$

$$\frac{\partial \rho \vec{U}}{\partial t} + \mathbf{div}(\rho \vec{U}.\vec{U})$$

3.8 Force appliquée sur le volume de contrôle

Les forces agissant sur le volume de contrôle en mouvement sont la somme de la force volumique de son poids $\vec{F}_v(v)(t)$ et des forces surfaciques (de pression et de viscosité) $\vec{F}_s(v)(t)$.

$$\sum \vec{F}\,(v)(t) = \vec{F}_v(v)(t) + \vec{F}_s(v)(t)$$

La force volumique du poids s'exprime comme suite :

$$\vec{F}_v(v) = m(v)\vec{g} = \oiiint_{v} \rho.\vec{g}\,dv = -\oiiint_{v} \rho.g\overrightarrow{x_3}\,dv$$

$$\vec{g} = g_i\vec{x}_i = \begin{pmatrix} 0 \\ 0 \\ -g \end{pmatrix}$$

et des forces surfaciques (de pression et de viscosité) d'expriment comme suite :

$$\vec{F}_s(v)(t) = \vec{F}_{sp}(v)(t) + \vec{F}_{sv}(v)(t)$$

Les forces surfasiques sont exprimées en utilisant le théorème de Gauss pour convertir une intégrale de volume en une intégrale de surface :

$$\vec{F}_{sp}(v)(t) = -\iint_{s} P.\vec{n}dS = -\oiiint_{v} \vec{\nabla}\,(P)dv = -\oiiint_{v} \overrightarrow{grad}\,(P)dv$$

$$\vec{F}_{sv}(v)(t) = \iint_{s} \tau_{ij}.\vec{n}dS = \oiiint_{v} \vec{\nabla}\left(\tau_{ij}\right)dv = \oiiint_{v} div\left(\tau_{ij}\right)dv$$

$$\sum \vec{F}\,(v)(t) = -\oiiint_{v} (\rho.\vec{g} + \vec{\nabla}\,(P) + \vec{\nabla}\,(\tau_{ij}))dv$$

Finalement on obtient l'équation vectorielle au dérivetées partielles suivante :

$$\oiiint_v \frac{\partial \rho \vec{U}}{\partial t} dv + \iiint_v \vec{\nabla}(\rho\, \vec{U}.\vec{U}) dv$$
$$= -\oiiint_v (\rho.\vec{g} + \vec{\nabla}(P) + \vec{\nabla}(\tau)) dv$$

$$\frac{\partial \rho \vec{U}}{\partial t} + \vec{\nabla}.(\rho\, \vec{U}.\vec{U}) = -\vec{\nabla}(P) + \vec{\nabla}(\tau) - \rho.\vec{g}$$

$$\frac{\partial \rho \vec{U}}{\partial t} + \mathrm{div}.(\rho\, \vec{U}.\vec{U}) = -\overrightarrow{\mathrm{grad}}(P) + \mathrm{div}(\tau) - \rho.\vec{g}$$

$$\frac{\partial \rho U_i}{\partial t} + \frac{\partial(\rho\, U_i.U_j)}{\partial x_j} = -\frac{\partial P}{\partial x_i} + \frac{\partial \tau_{ij}}{\partial x_j} - \rho.g_i \;\; ; (i,j = 1 \ldots 3)$$

$$\frac{\partial \rho U_i}{\partial t} + \frac{\partial(\rho\, U_i.U_j)}{\partial x_j} = -\frac{\partial P}{\partial x_i} + 2\mu \frac{\partial S_{ij}}{\partial x_j} - \rho.g_i \;\; ; (i,j = 1 \ldots 3)$$

Avec :

$$S_{ij} = \frac{1}{2}\left(\frac{\partial U_i}{\partial x_j} + \frac{\partial U_j}{\partial x_i}\right)$$

$$\frac{\partial U_i}{\partial t} + U_j \frac{\partial U_i}{\partial x_j} = -\frac{1}{\rho}\frac{\partial P}{\partial x_i} + 2\vartheta \frac{\partial S_{ij}}{\partial x_j} - g_i \; ; \qquad (i,j = 1 \ldots 3)$$

$$\begin{pmatrix} \frac{dU_1}{dt} \\ \frac{dU_2}{dt} \\ \frac{dU_3}{dt} \end{pmatrix} + \begin{pmatrix} U_1.\frac{\partial U_1}{\partial x_1} + U_2.\frac{\partial U_1}{\partial x_2} + U_3.\frac{\partial U_1}{\partial x_3} \\ U_1.\frac{\partial U_2}{\partial x_1} + U_2.\frac{\partial U_2}{\partial x_2} + U_3.\frac{\partial U_2}{\partial x_3} \\ U_1.\frac{\partial U_3}{\partial x_1} + U_2.\frac{\partial U_3}{\partial x_2} + U_3.\frac{\partial U_3}{\partial x_3} \end{pmatrix}$$

$$= \begin{pmatrix} \frac{\partial P}{\partial x_1} \\ \frac{\partial P}{\partial x_2} \\ \frac{\partial P}{\partial x_3} \end{pmatrix} + \begin{pmatrix} 0 \\ 0 \\ -g \end{pmatrix} + \begin{pmatrix} \frac{\partial S_{11}}{\partial x_1} + \frac{\partial S_{12}}{\partial x_2} + \frac{\partial S_{13}}{\partial x_3} \\ \frac{\partial S_{21}}{\partial x_1} + \frac{\partial S_{22}}{\partial x_2} + \frac{\partial S_{23}}{\partial x_3} \\ \frac{\partial S_{31}}{\partial x_1} + \frac{\partial S_{32}}{\partial x_2} + \frac{\partial S_{33}}{\partial x_3} \end{pmatrix}$$

4 Equations de Navier-Stokes : Fondements et Applications

4.1 Equations de Navier-Stokes

Les équations de Navier-Stokes constituent le socle théorique de la mécanique des fluides newtoniens incompressibles. Elles forment un système complet composé de deux principes fondamentaux :

La conservation de la masse, qui exprime l'incompressibilité du fluide en imposant que le champ de vitesse ne présente aucune divergence. Cela signifie que le fluide ne peut ni se comprimer ni se dilater localement :

$$\frac{\partial U_j}{\partial x_j} = 0 \; ; \; j = 1, 2, 3$$

$\vec{U}$: champ de vitesse eulérienne

$$\vec{U} = U_j . \vec{x}_j \; ; \; j = 1, 2, 3$$

La conservation de la quantité de mouvement, qui relie l'évolution de la vitesse du fluide aux différentes forces en jeu : es forces de pression, qui agissent de manière isotrope Les contraintes visqueuses, responsables des frottements internes Les forces volumiques comme la gravité :

$$\frac{\partial U_i}{\partial t} + U_j \frac{\partial U_i}{\partial x_j} = -\frac{1}{\rho} \frac{\partial P}{\partial x_i} + 2\vartheta \frac{\partial S_{ij}}{\partial x_j} - g_i \; ; \quad (i, j = 1 \ldots 3)$$

P : champ de pression

ϑ : Coefficient de viscosité cinématique du fluide

ρ : Masse volumique du fluide

S_{ij} : Eléments de la matrice du tenseur des taux de déformation

$$S_{ij} = \frac{1}{2}\left(\frac{\partial U_i}{\partial x_j} + \frac{\partial U_j}{\partial x_i}\right) \quad i,j = 1..3$$

$$\vec{g} = g_i\vec{x}_i = \begin{pmatrix} 0 \\ 0 \\ -g \end{pmatrix}$$

4.2 Propriétés et Complexités

Ces équations présentent plusieurs caractéristiques notables :

Elles forment un système couplé et non linéaire, où l'évolution de la vitesse dépend d'elle-même via un terme convectif.

Leur résolution analytique est impossible dans le cas général, et même l'existence de solutions régulières en trois dimensions reste l'un des problèmes mathématiques non résolus les plus célèbres (problème du prix du millénaire de l'Institut Clay).

4.3 Approche Numérique

En pratique, on utilise des méthodes de discrétisation pour obtenir des solutions approchées :

- Le domaine d'étude est découpé en maillage fin
- Les équations sont transformées en un système algébrique

Des conditions aux limites appropriées sont imposées (adhérence du fluide aux parois, entrées/sorties de flux, etc.)

4.4 Applications Concrètes

Ces équations permettent de modéliser des écoulements complexes comme :

- L'écoulement autour d'obstacles (ailes d'avion, bâtiments)
- La formation de tourbillons et de sillages
- Les transitions entre régimes laminaire et turbulent

4.5 Navier-Stokes : Équations Mères en Mécanique des Fluides

Les équations de Navier-Stokes servent d'équations mères à diverses autres équations en mécanique des fluides. Plusieurs équations peuvent être dérivées des équations de Navier-Stokes en introduisant certaines hypothèses simplificatrices. Parmi celles-ci, on trouve :

Le principe de Bernoulli, applicable dans le cas d'écoulements uniformes et unidimensionnels.

Les équations de Saint-Venant, obtenues par intégration des équations de Navier-Stokes sur la verticale et la surface libre, sous l'hypothèse d'un écoulement hydrostatique.

Les équations du coup de bélier, utilisées dans l'analyse des réseaux hydrauliques.

Les équations de propagation de la houle, employées en océanographie.

De plus, les équations de Navier-Stokes peuvent être adaptées pour décrire certains écoulements compressibles, notamment en ajoutant une équation d'énergie et en utilisant les moyennes de Favre et des modèles de turbulence pour les prévisions météorologiques. Elles peuvent également être modifiées en changeant la loi rhéologique afin de s'adapter à des fluides présentant un comportement rhéologique complexe, comme par exemple le mortier utilisé en impression 3D, ce qui permet de prédire la géométrie des couches imprimées."

Index

$\mathbf{R(O,\vec{x}_1,\vec{x}_2,\vec{x}_3)}$: Repère orthonormé direct cartésien
$(\vec{x}_1,\vec{x}_2,\vec{x}_3)$: Base orthonormée cartésienne
O : Point fixe de référence
t : Temps
M : Particule-fluide ou point matériel
T : Température
ρ : Masse volumique
P : Pression
S : Salinité
$\vec{\mathbf{U}} = \overrightarrow{\mathbf{U_E}}$: Vecteur vitesse eulérienne
$\vec{\boldsymbol{\gamma}}$: Vecteur accélération eulérienne de la particule fluide **M**
$\mathbf{P_{atm}}$: Pression atmosphérique
g : Accélération de la pesanteur
h : Profondeur
V : Volume
m : Masse
$\mathbf{\delta V(M)}$: Volume minuscule d'une particule-fluide **M**
$\mathbf{\delta m(M)}$: Masse de la particule-fluide **M**
dV : Elément de volume infinitésimal
ds : Elément de surface infinitésimal
$\boldsymbol{\rho}_{\mathbf{eau}}$: Masse volumique d'eau
$\vec{\mathbf{n}}$: Vecteur normal unitaire sortant de **ds**.
$\mathbf{d\vec{F}(M)}$: Force de pression élémentaire sur un élément de surface **ds** entourant le point **M**
$\vec{\mathbf{F}}$: Résultante de force de pression de fluide sur une surface S
$\mathbf{d\overrightarrow{M}}$: Force volumique du poids du volume élémentaire **dV**
$\mathbb{R}$: Ensemble des nombres réels $\mathbb{R}$
$\mathbb{R}^3$: Espace euclidien tridimensionnel.
$\mathbf{f(x_1)}$: Fonction continue à une seule variable $\mathbf{x_1}$
$\mathbf{f(x_1)'}$: Dérivée de $\mathbf{f(x_1)}$ par rapport à $\mathbf{x_1}$
$\mathbf{df(x_1)}$: Différentielle de la fonction $\mathbf{f(x_1)}$
$\mathbf{f(x_1,x_2,x_3)}$: Fonction continue à trois variables $\mathbf{x_1, x_2}$ **et** $\mathbf{x_3}$
$\mathbf{dx_1}$, dx_2 et dx_3 : Déplacements infinitésimaux (infiniment petits) selon x_1, x_2, x_3

$df(x_1, x_2, x_3)$: Différentielle de $f(x_1, x_2, x_3)$, notée $df(x_1, x_2, x_3)$, est égale à :

$\vec{\nabla}$: Opérateur de dérivation vectorielle (nabla)

$\overrightarrow{grad}$ f : Gradient de la fonction f

Δ f : Laplacien de la fonction f

div $\vec{v}$: Divergence du vecteur $\vec{v}$

$\overrightarrow{rot}\,\vec{v}$: Rotationnel un vecteur $\vec{v}$

$\overrightarrow{OM}(t_0)$: Position initiale de la particule-fluide M

$\overrightarrow{OM}(t)$: Position de la particule-fluide M à l'instant t

$\overrightarrow{U_L(M)}(t)$: Vecteur vitesse lagrangienne de la particule-fluide M

$\overrightarrow{U_L(M)}(t)$: Vecteur accélération lagrangienne de la particule-fluide M

ω : Domaine fluide

φ : Potentiel du champ de vitesse.

$\vec{\Omega}$: Vecteur tourbillon (rotation)

Re : Nombre de Reynolds

U : Echelle de vitesse de l'écoulement

L : Echelle de longueur de l'écoulement

ϑ : Viscosité cinématique du fluide

$\langle Qm \rangle$: Débit massique moyen

Qv : Débit volumique moyen

Qv : Débit volumique instantané Qv

F : Forme linéaire dans $\mathbb{R}^3$ e

$(\mathbb{R}^3)^*$: Epace dual de $\mathbb{R}^3$

L : Application linéaire L

L_{ij} : Eléments la matrice de l'application L

B : Application bilinéaire

M : Application multilinéaire

T : Tenseur

n : Ordre de tenseur

T^n : Tenseur d'ordre n

p : indice covariant

q : Indice contravariant

$\vec{T}$: Vecteur contrainte locale

σ : Tenseur des contraintes de Cauchy

σ_{ij} : Eléments de la matrice du tenseur des contraintes de Cauchy

σ : Tenseur des contraintes de Chauchy.

I : Tenseur identité

τ : Tenseur des contraintes visqueuses

τ_{ij} : Eléments de la matrice du tenseur des contraintes visqueuses

D : Tenseur de gradient de vitesse

D_{ij} : Eléments de la matrice du gradient de vitesse

S : Tenseur des taux de déformation

Ω : Tenseur des taux de rotation

S_{ij} : Eléments de la matrice de tenseur des taux de déformation

Ω_{ij} : Eléments de la matrice de tenseur des taux de rotation

μ : Coefficient de viscosité dynamique

ϑ : Coefficient de viscosité cinématique

μ_{eau} : Coefficient de viscosité dynamique de l'eau

ϑ_{eau} : Coefficient de viscosité cinématique de l'eau

μ_{air} : Coefficient de viscosité dynamique de l'air

ϑ_{air} : Coefficient de viscosité cinématique de l'air

$\vec{I}(M)$: Quantité de mouvement de la particule fluide M

$\vec{I}(v)(t)$: Quantité de mouvement de la masse contenue dans le volume v .

$\vec{F}_s(v)(t)$: Forces surfaciques (de pression et de viscosité)

$\vec{F}_v(v)(t)$: Force volumique de son poids

Références

Chassaing, P. (2010). Mécanique des fluides - Éléments d'un premier parcours. Cépaduès Éditions.

Ryhming, I.L. (2004). Dynamique des fluides. Presses polytechniques et universitaires romandes.

Chassaing, P. (2000). Turbulence en mécanique des fluides. Cépaduès Éditions.

Landau, L. D., & Lifshitz, E. M. (1987). Fluid Mechanics. Butterworth-Heinemann.

Carlier, M. (2003). Mécanique des fluides (3ème éd.). Dunod.

Emmanuel Plaut. Le calcul tensoriel et différentiel : outil mathématique pour la physique des milieux continus. (2021)

Appel, W. 2005 Mathématiques pour la physique et les physiciens H & K Editions.

Pernes, P. 2003 Introduction à la mécanique des milieux déformables-Eléments de calcul tensoriel. CEMAGREF Editions.

Jean-François Sini. Cours de Mécanique des Fluides. Engineering school. France. (2006)

Choquet-Bruhat, Y., DeWitt-Morette, C., & Dillard-Bleick, M. (1989). Analyse Mathématique, Tome II : Topologie, Fonctions Différentiables, Intégration, Équations Différentielles. Masson.

Structures éditoriales du groupe L'Harmattan

L'Harmattan Italie
Via degli Artisti, 15
10124 Torino
harmattan.italia@gmail.com

L'Harmattan Hongrie
Kossuth l. u. 14-16.
1053 Budapest
harmattan@harmattan.hu

L'Harmattan Sénégal
10 VDN SICAP AMITIE 3
BP 45034 Dakar-Fann
direction@senharmattan.com

L'Harmattan Cameroun
Tsinga/Derrière polyclinique FECAFOOT
BP 11486 Yaoundé
Jacques.koukam@harmattan.fr

L'Harmattan Burkina Faso
Villa 281, secteur 23 623, rue 14.32
Ouagadougou
zagbie@outlook.fr

L'Harmattan Guinée
Almamya, rue KA 028 OKB Agency
BP 3470 Conakry
harmattanguinee@yahoo.fr

L'Harmattan RDC
185, avenue Nyangwe
Commune de Lingwala - Kinshasa
matangilamusadila@yahoo.fr

L'Harmattan Congo
219, avenue Nelson Mandela
BP 2874 Brazzaville
deunovmikhael@gmail.com

L'Harmattan Mali
Immeuble Mgr Jean Marie Cissé
Aci Hamadallaye
BP 145 Bamako
syllaka@yahoo.fr

L'Harmattan Togo
Djidjole - Maison Amela
face EPP BATOME
02 BP 20680 Lomé
didieramela11@gmail.com

L'Harmattan Côte d'Ivoire
Résidence Karl - Cité des Arts
Abidjan-Cocody
03 BP 1588 Abidjan
harmattan.ivoire@gmail.com

L'Harmattan Bénin
Rue 604, (Immeuble à l'entrée
de la rue UCAO- Cite de Saint-Jean)
Cotonou
stepcorpus@gmail.com

Nos librairies en France

Librairie internationale
16, rue des Écoles
75005 Paris
librairie.internationale@harmattan.fr
01 40 46 79 11
www.librairieharmattan.com

Librairie des savoirs
21, rue des Écoles
75005 Paris
librairie.sh@harmattan.fr
01 46 34 13 71
www.librairieharmattansh.com

www.ingramcontent.com/pod-product-compliance
Lightning Source LLC
LaVergne TN
LVHW080938071026
849535LV00013B/4250